JN098791

高専テキストシリーズ

微分積分2
問題集［第2版］

上野 健爾 監修

高専の数学教材研究会 編

Differential
and Integral 2

森北出版

まえがき

　　本書は，高専テキストシリーズの『微分積分 2（第 2 版)』に準拠した問題集である．各節は，［**まとめ**］に続いて，問題を難易度別に配置した．詳しい構成は，下記のとおりである．

まとめ　　いくつかの要項

原則的に，教科書『微分積分 2（第 2 版)』にある枠で囲まれた定義や定理，公式に対応したものである．ここに書かれていることは，問題を解いていくうえで必要不可欠であるので，しっかりと理解してほしい．

A 問題　　教科書の問レベル

教科書の本文中の問に準拠してあり，問だけでは足りない分を補う役割を果たしている．これらの問題が解ければ，これ以後の学習に必要な内容が修得できるように配慮してある．

B 問題　　教科書の練習問題および定期試験レベル

教科書で割愛された典型的な問題も，この中に例題として収録し，直後にその理解のための問題をおいている．また，問題を解く上で必要な［**まとめ**］の内容や関連する［**A**］の問題などを参照できるように，要項番号および問題番号を［→］で示している．

C 問題　　大学編入試験問題レベル

過去の入試問題を参考にして，何が問われているかを吟味した上で，それに特化した問題に作り替えたものである．基礎的な問題から応用問題まで，その難易度は幅広いが，ぜひチャレンジしてほしい．

▦ マーク　　数表や関数電卓を用いる問題

数学の理解には計算力は必須であるが，情報や電卓，コンピュータなどの機器を利用するのも数学力を鍛える 1 つの道である．

解　　答

全問に解答をつけた．とくに［**B**]，［**C**］問題の解答はできるだけ詳しく，その道筋がわかるように示した．

　　数学は，自らが考え問題を解くことによって理解が深まるものである．本書を活用することで，自分で考える習慣を身につけ，『微分積分 2』で学習する内容の理解をより確実なものにしてほしい．また，大学編入試験対策にも役立つことを願っている．

　2022 年 10 月

　　　　　　　　　　　　　　　　　　　　　　　高専テキストシリーズ　執筆者一同

目　次

1 いろいろな微分法と積分法

0 既習事項の確認

■ まとめ ■

0.1 導関数の定義 関数 $y = f(x)$ の導関数を次のように定める.

$$f'(x) = \lim_{h \to 0} \frac{f(x+h) - f(x)}{h}$$

0.2 導関数の公式

(1) $\{cf(x)\}' = cf'(x)$　（c は定数）

(2) $\{f(x) \pm g(x)\}' = f'(x) \pm g'(x)$　（複号同順）

(3) $\{f(x)g(x)\}' = f'(x)g(x) + f(x)g'(x)$　　　　　　（積の微分法）

(4) $\left\{\dfrac{1}{g(x)}\right\}' = -\dfrac{g'(x)}{\{g(x)\}^2}$, 　$\left\{\dfrac{f(x)}{g(x)}\right\}' = \dfrac{f'(x)g(x) - f(x)g'(x)}{\{g(x)\}^2}$

（商の微分法）

(5) $y = f(u)$, $u = g(x)$ のとき,

$$\frac{dy}{dx} = \frac{dy}{du}\frac{du}{dx}, \quad \{f(g(x))\}' = f'(g(x))g'(x)$$　（合成関数の微分法）

(6) $y = f(x)$ の逆関数 $x = f^{-1}(y)$ に対し,

$$\frac{dx}{dy} = \frac{1}{\dfrac{dy}{dx}}$$　　　　　　（逆関数の微分法）

0.3 基本的な関数の導関数

(1) $(c)' = 0$　（c は定数）　　　　(2) $(x^r)' = rx^{r-1}$　（r は実数）

(3) $\left(\dfrac{1}{x}\right)' = -\dfrac{1}{x^2}$　　　　　　(4) $(\sqrt{x})' = \dfrac{1}{2\sqrt{x}}$

(5) $(\sin x)' = \cos x$　　　　　　(6) $(\cos x)' = -\sin x$

(7) $(\tan x)' = \dfrac{1}{\cos^2 x}$　　　　　(8) $(e^x)' = e^x$

(9) $(\log|x|)' = \dfrac{1}{x}$　　　　　(10) $(\sin^{-1} x)' = \dfrac{1}{\sqrt{1-x^2}}$

(11) $\left(\cos^{-1} x\right)' = -\dfrac{1}{\sqrt{1-x^2}}$ 　　　　(12) $\left(\tan^{-1} x\right)' = \dfrac{1}{1+x^2}$

0.4 **不定積分**　$F'(x) = f(x)$ となる $F(x)$ を関数 $f(x)$ の原始関数という．$F(x)$ を関数 $f(x)$ の原始関数とするとき，$F(x) + C$ の形の関数を総称して，$f(x)$ の不定積分といい，次の記号で表す．定数 C を積分定数という．

$$\int f(x)dx = F(x) + C \quad (C \text{ は定数})$$

0.5 **基本的な関数の不定積分**　$\alpha \neq -1,\, a > 0,\, A \neq 0,\ k$ は定数，C は積分定数とする．

(1) $\displaystyle\int k\,dx = kx + C$

(2) $\displaystyle\int x^\alpha\,dx = \dfrac{1}{\alpha+1}x^{\alpha+1} + C$

(3) $\displaystyle\int \dfrac{1}{x}\,dx = \log|x| + C$

(4) $\displaystyle\int e^x\,dx = e^x + C$

(5) $\displaystyle\int \sin x\,dx = -\cos x + C, \quad \int \cos x\,dx = \sin x + C$

(6) $\displaystyle\int \dfrac{1}{\cos^2 x}\,dx = \tan x + C, \quad \int \dfrac{1}{\sin^2 x}\,dx = -\dfrac{1}{\tan x} + C$

(7) $\displaystyle\int \dfrac{1}{\sqrt{a^2 - x^2}}\,dx = \sin^{-1}\dfrac{x}{a} + C$

(8) $\displaystyle\int \dfrac{1}{x^2 + a^2}\,dx = \dfrac{1}{a}\tan^{-1}\dfrac{x}{a} + C$

(9) $\displaystyle\int \dfrac{1}{x^2 - a^2}\,dx = \dfrac{1}{2a}\log\left|\dfrac{x-a}{x+a}\right| + C$

(10) $\displaystyle\int \dfrac{1}{\sqrt{x^2 + A}}\,dx = \log\left|x + \sqrt{x^2 + A}\right| + C$

(11) $\displaystyle\int \sqrt{x^2 + A}\,dx = \dfrac{1}{2}\left(x\sqrt{x^2 + A} + A\log\left|x + \sqrt{x^2 + A}\right|\right) + C$

(12) $\displaystyle\int \sqrt{a^2 - x^2}\,dx = \dfrac{1}{2}\left(x\sqrt{a^2 - x^2} + a^2\sin^{-1}\dfrac{x}{a}\right) + C$

0.6 不定積分の置換積分法

(1) $\displaystyle\int f(g(x))g'(x)\,dx = \int f(t)\,dt$ （$t = g(x)$ のとき）

(2) $\displaystyle\int f(x)dx = \int f(g(t))g'(t)dt$ （$x = g(t)$ のとき）

とくに，次が成り立つ．

(3) $F'(x) = f(x)$ のとき，$\displaystyle\int f(ax+b)\,dx = \frac{1}{a}F(ax+b) + C$ （$a \neq 0$）

(4) $\displaystyle\int \frac{f'(x)}{f(x)}\,dx = \log|f(x)| + C$

0.7 不定積分の部分積分法 $\displaystyle\int f(x)g'(x)\,dx = f(x)g(x) - \int f'(x)g(x)\,dx$

0.8 定積分の定義
区間 $[a,b]$ における連続関数 $f(x)$ に対して，$[a,b]$ を n 等分してできる小区間の幅を Δx とし，各小区間内に任意に点 x_k をとるとき，

$$\int_a^b f(x)\,dx = \lim_{n\to\infty}\sum_{k=1}^{n} f(x_k)\Delta x$$

を $f(x)$ の a から b までの**定積分**という．

0.9 微分積分学の基本定理
$F(x)$ を $f(x)$ の原始関数とするとき，次のことが成り立つ．

$$\int_a^b f(x)\,dx = \Big[\,F(x)\,\Big]_a^b = F(b) - F(a)$$

0.10 定積分の置換積分法

(1) $t = g(x)$, $\alpha = g(a)$, $\beta = g(b)$ のとき，$\displaystyle\int_a^b f(g(x))g'(x)\,dx = \int_\alpha^\beta f(t)\,dt$

(2) $x = g(t)$, $a = g(\alpha)$, $b = g(\beta)$ のとき，$\displaystyle\int_a^b f(x)\,dx = \int_\alpha^\beta f(g(t))g'(t)\,dt$

0.11 定積分の部分積分法

$$\int_a^b f(x)g'(x)\,dx = \Big[\,f(x)g(x)\,\Big]_a^b - \int_a^b f'(x)g(x)\,dx$$

0.12　いろいろな定積分

(1) $f(x)$ が偶関数のとき，$\displaystyle\int_{-a}^{a} f(x)\,dx = 2\int_{0}^{a} f(x)\,dx$

　　$f(x)$ が奇関数のとき，$\displaystyle\int_{-a}^{a} f(x)\,dx = 0$

(2) $\displaystyle\int_{0}^{\frac{\pi}{2}} \sin^n x\,dx = \int_{0}^{\frac{\pi}{2}} \cos^n x\,dx$

$$= \begin{cases} \dfrac{n-1}{n} \cdot \dfrac{n-3}{n-2} \cdot \cdots \cdot \dfrac{3}{4} \cdot \dfrac{1}{2} \cdot \dfrac{\pi}{2} & (n \text{ が偶数}) \\[2mm] \dfrac{n-1}{n} \cdot \dfrac{n-3}{n-2} \cdot \cdots \cdot \dfrac{4}{5} \cdot \dfrac{2}{3} \cdot 1 & (n \text{ が奇数}) \end{cases}$$

A

Q0.1　次の関数 $f(x)$ の導関数 $f'(x)$ を定義にしたがって求めよ.

(1) $f(x) = x^2$　　　　　　(2) $f(x) = \sqrt{x}$　　　　　　(3) $f(x) = \dfrac{1}{x}$

Q0.2　次の関数の 2 次までの導関数を求めよ.

(1) $y = -x^4 + 3x^2 - 3$　　(2) $y = \dfrac{3}{x^2}$　　　　　(3) $y = \sqrt{4x + 5}$

(4) $y = \sin 2x$　　　　　(5) $y = e^{x^2}$　　　　　(6) $y = \log(x^2 + 1)$

(7) $y = e^{-x} \cos x$　　　(8) $y = \sin^{-1} \dfrac{x}{2}$　　(9) $y = \tan^{-1} \dfrac{1}{x}$

(10) $y = (x^2 - x + 1)^3$　　　　(11) $y = \log \left| \dfrac{x - 3}{x + 3} \right|$

(12) $y = \log \left(x + \sqrt{x^2 + 2} \right)$　　(13) $y = \sqrt{x^2 + 3}$

Q0.3　次の不定積分を求めよ.

(1) $\displaystyle\int (8x^3 - 6x + 5)\,dx$　　　　(2) $\displaystyle\int \left(\dfrac{1}{x^2} - \dfrac{4}{x^3} \right) dx$

(3) $\displaystyle\int \left(\sqrt{x} + \dfrac{1}{\sqrt{x}} \right)^2 dx$　　　(4) $\displaystyle\int \left(\sqrt{x} - \dfrac{1}{\sqrt{x}} \right)^3 dx$

(5) $\displaystyle\int \left(\sin x - \dfrac{1}{\sin^2 x} \right) dx$　　(6) $\displaystyle\int \tan^2 x\,dx$

(7) $\displaystyle\int \dfrac{1}{x^2 - 4}\,dx$　　　　(8) $\displaystyle\int \dfrac{1}{\sqrt{5 - x^2}}\,dx$

(9) $\displaystyle\int \dfrac{1}{x^2 + 5}\,dx$　　　　(10) $\displaystyle\int \dfrac{1}{\sqrt{x^2 - 5}}\,dx$

(11) $\displaystyle\int \sqrt{4 - x^2}\,dx$　　　　(12) $\displaystyle\int \sqrt{x^2 - 1}\,dx$

Q0.4　次の不定積分を求めよ.

(1) $\displaystyle\int (3x - 8)^5\,dx$　　　　(2) $\displaystyle\int \frac{2}{5 - 4x}\,dx$

(3) $\displaystyle\int e^{-2x}\,dx$　　　　(4) $\displaystyle\int \cos 3x\,dx$

Q0.5　次の不定積分を求めよ.

(1) $\displaystyle\int 2x^3(x^4 - 5)^6\,dx$　　　　(2) $\displaystyle\int \frac{x + 2}{x^2 + 4x + 8}\,dx$

(3) $\displaystyle\int \cos^3 x \sin x\,dx$　　　　(4) $\displaystyle\int \frac{1}{x}(\log x)^2\,dx$

Q0.6　次の不定積分を求めよ.

(1) $\displaystyle\int (1 - x)e^x\,dx$　　　　(2) $\displaystyle\int x \cos \frac{x}{2}\,dx$

(3) $\displaystyle\int (2x + 1)\log x\,dx$　　　　(4) $\displaystyle\int \sin^{-1} \frac{x}{2}\,dx$

(5) $\displaystyle\int x^2 e^{\frac{x}{2}}\,dx$　　　　(6) $\displaystyle\int e^{2x} \sin x\,dx$

Q0.7　次の不定積分を求めよ.

(1) $\displaystyle\int \frac{2x}{x^2 - 1}\,dx$　　　　(2) $\displaystyle\int \frac{x - 8}{x^2 - x - 6}\,dx$

Q0.8　次の定積分を求めよ.

(1) $\displaystyle\int_0^2 (3x^2 - 6x + 7)\,dx$　　　　(2) $\displaystyle\int_0^{\frac{\pi}{6}} \cos 3x\,dx$

(3) $\displaystyle\int_0^1 \left(e^x - e^{-x}\right)^2\,dx$　　　　(4) $\displaystyle\int_1^3 \frac{1}{x^2 + 3}\,dx$

(5) $\displaystyle\int_0^2 x\sqrt{4 - x^2}\,dx$　　　　(6) $\displaystyle\int_0^{\frac{\pi}{2}} x \cos x\,dx$

(7) $\displaystyle\int_1^e \log x\,dx$　　　　(8) $\displaystyle\int_{-2}^2 (x^5 - 2x^3 + 3x^2 + 7x - 1)\,dx$

(9) $\displaystyle\int_0^{\pi} \sin^3 x\,dx$　　　　(10) $\displaystyle\int_0^{\frac{\pi}{2}} \cos^4 x \sin^2 x\,dx$

1　曲線の媒介変数表示と極方程式

■　まとめ

1.1　媒介変数表示　座標平面において，点 $P(x, y)$ の x 座標，y 座標がそれぞれ t を変数とする連続関数 $x = f(t)$, $y = g(t)$ で表されていれば，t の値が変化すると点 $P(f(t), g(t))$ はある曲線 C を描く．このとき，$\begin{cases} x = f(t) \\ y = g(t) \end{cases}$ を曲線 C の**媒介変数表示**といい，t を**媒介変数**または**パラメータ**という．

1.2　媒介変数表示された曲線の接線ベクトル　平面上を運動する点 $P(x, y)$ の描く曲線 C が，媒介変数表示 $\begin{cases} x = f(t) \\ y = g(t) \end{cases}$ によって表されているとする．$f(t)$, $g(t)$ が微分可能であるとき，$\boldsymbol{v}(t) = \begin{pmatrix} f'(t) \\ g'(t) \end{pmatrix}$ を時刻 t における**速度ベクトル**，または曲線 C の**接線ベクトル**という．

1.3　接線の方程式　媒介変数表示 $\begin{cases} x = f(t) \\ y = g(t) \end{cases}$ で表された曲線 C 上の点 $P(f(t_0), g(t_0))$ における曲線 C の接線の方程式は，$f'(t_0) \neq 0$, $g'(t_0) \neq 0$ であるとき，次の式で表される．

$$\frac{x - f(t_0)}{f'(t_0)} = \frac{y - g(t_0)}{g'(t_0)} \quad \text{または} \quad y = \frac{g'(t_0)}{f'(t_0)} \{x - f(t_0)\} + g(t_0)$$

1.4　媒介変数表示された曲線と面積　関数 $\varphi(x)$ が $a \leq x \leq b$ で連続で $\varphi(x) \geq 0$ であるとき，曲線 $y = \varphi(x)$ と x 軸，および 2 直線 $x = a$, $x = b$ で囲まれた図形の面積 S は，$S = \displaystyle\int_a^b y \, dx = \int_a^b \varphi(x) \, dx$ で求めることができる．この曲線が媒介変数表示 $\begin{cases} x = f(t) \\ y = g(t) \end{cases}$ $(\alpha \leq t \leq \beta)$ で表されるときは，$x = f(t)$ と置換することによって，面積 S を計算することができる．

1.5 **媒介変数表示された曲線の長さ**   媒介変数表示 $\begin{cases} x = f(t) \\ y = g(t) \end{cases}$ $(\alpha \leqq t \leqq \beta)$

で表された曲線の長さ L は，次のようになる.

$$L = \int_\alpha^\beta \sqrt{\left(\frac{dx}{dt}\right)^2 + \left(\frac{dy}{dt}\right)^2}\, dt = \int_\alpha^\beta \sqrt{\{f'(t)\}^2 + \{g'(t)\}^2}\, dt$$

1.6 **関数のグラフで表された曲線の長さ**   曲線 $y = f(x)$ $(a \leqq x \leqq b)$ の長さ L は，次のようになる.

$$L = \int_a^b \sqrt{1 + \left(\frac{dy}{dx}\right)^2}\, dx = \int_a^b \sqrt{1 + \{f'(x)\}^2}\, dx$$

1.7 **極座標と極方程式**   平面上に点 O と，O を端点とする半直線 OX を定める. 点 O 以外の点 P に対して，O から P までの距離を r，半直線 OX と線分 OP のなす角を θ とするとき，r と θ の組 (r, θ) を点 P の**極座標**という. 点 O を**原点**または**極**といい，半直線 OX を**始線**という. 曲線上の点の極座標 (r, θ) が $r = f(\theta)$ を満たすとき，これを曲線の**極方程式**という.

1.8 **直交座標と極座標の関係**   平面上の点 P の直交座標 (x, y)，極座標 (r, θ) の間には，次の関係が成り立つ.

$$\begin{cases} x = r\cos\theta \\ y = r\sin\theta \end{cases} \qquad \begin{cases} r = \sqrt{x^2 + y^2} \\ \tan\theta = \dfrac{y}{x} \quad (\text{ただし } x \neq 0) \end{cases}$$

θ は点 (x, y) が属する象限の角を選ぶ.

1.9 **極方程式で表された図形の面積**   曲線 $r = f(\theta)$ $(\alpha \leqq \theta \leqq \beta)$ と 2 つの半直線 $\theta = \alpha$, $\theta = \beta$ で囲まれた図形の面積 S は，次の式で表される.

$$S = \frac{1}{2}\int_\alpha^\beta r^2\, d\theta = \frac{1}{2}\int_\alpha^\beta \{f(\theta)\}^2\, d\theta$$

1.10 **極方程式で表された曲線の長さ**   曲線 $r = f(\theta)$ $(\alpha \leqq \theta \leqq \beta)$ の長さ L は，次の式で表される.

$$L = \int_\alpha^\beta \sqrt{r^2 + \left(\frac{dr}{d\theta}\right)^2}\, d\theta = \int_\alpha^\beta \sqrt{\{f(\theta)\}^2 + \{f'(\theta)\}^2}\, d\theta$$

A

Q1.1　次の媒介変数表示から t を消去した方程式を求め，どのような曲線であるかを述べよ．また，その曲線をかき，点 P(0) を曲線上に記入し，t の値が増加するときの点 P(t) の動く方向を，曲線上に矢印で示せ．

(1) $\begin{cases} x = t - 2 \\ y = 2t + 1 \end{cases}$　　(2) $\begin{cases} x = 2 - t \\ y = 2t^2 + 1 \end{cases}$　　(3) $\begin{cases} x = 4 - t^2 \\ y = \dfrac{t}{2} \end{cases}$

(4) $\begin{cases} x = 3\cos(\pi - t) \\ y = 3\sin(\pi - t) \end{cases}$　　(5) $\begin{cases} x = \cos t \\ y = 2\sin t \end{cases}$

Q1.2　媒介変数表示された曲線 $\begin{cases} x = t^2 \\ y = t^3 \end{cases}$ $(-1 \leq t \leq 1)$ をかけ．

Q1.3　次の媒介変数表示された曲線の，(　) 内の t の値に対応する点における接線ベクトルを求めよ．

(1) $\begin{cases} x = t - t^3 \\ y = 1 - t^4 \end{cases}$ $(t = 1)$　　(2) $\begin{cases} x = t^2 - 1 \\ y = 2\sin 2t \end{cases}$ $\left(t = \dfrac{\pi}{2}\right)$

(3) $\begin{cases} x = 2\cos t \\ y = 3\sin t \end{cases}$ $\left(t = \dfrac{\pi}{3}\right)$　　(4) $\begin{cases} x = \log t \\ y = t^2 + 1 \end{cases}$ $(t = e)$

Q1.4　アステロイド $\begin{cases} x = \cos^3 t \\ y = \sin^3 t \end{cases}$ において，次の t の値に対応する点における接線ベクトルを求めよ．

(1) $t = \dfrac{\pi}{6}$　　(2) $t = \dfrac{\pi}{4}$　　(3) $t = \dfrac{2\pi}{3}$　　(4) $t = \dfrac{5\pi}{4}$

Q1.5　次の曲線の，(　) 内の t の値に対応する点における接線の媒介変数表示，および媒介変数を消去した接線の方程式を求めよ．

(1) $\begin{cases} x = t - 2 \\ y = 2t^2 + 1 \end{cases}$ $(t = 1)$　　(2) $\begin{cases} x = te^t \\ y = t^2 \end{cases}$ $(t = 1)$

(3) $\begin{cases} x = 2\sin t \\ y = 2\sin 2t \end{cases}$ $\left(t = \dfrac{\pi}{6}\right)$　　(4) $\begin{cases} x = t - \sin t \\ y = 1 - \cos t \end{cases}$ $\left(t = \dfrac{3\pi}{2}\right)$

Q1.6　次の図形の面積を求めよ．

(1) 曲線 $\begin{cases} x = 3t \\ y = 1 - t^2 \end{cases}$ と x 軸が囲む図形

(2) 曲線 $\begin{cases} x = t^2 \\ y = 2t^2 - t^3 \end{cases}$ $(0 \leqq t \leqq 2)$ と x 軸が囲む図形

(3) 曲線 $\begin{cases} x = t^3 \\ y = \sqrt{t} \end{cases}$ $(0 \leqq t \leqq 2)$, 直線 $x = 8$, x 軸が囲む図形

(4) 曲線 $\begin{cases} x = 2\cos t \\ y = 3\sin t \end{cases}$ $(0 \leqq t \leqq \pi)$ と x 軸が囲む図形

Q1.7 次の曲線の (　) 内に指定された範囲の長さを求めよ.

(1) $\begin{cases} x = t^2 \\ y = 2t \end{cases}$ $(0 \leqq t \leqq 1)$ 　　　(2) $\begin{cases} x = t^2 \\ y = \dfrac{1}{3}t^3 \end{cases}$ $(0 \leqq t \leqq 1)$

(3) $\begin{cases} x = 6t^2 \\ y = t^3 - 12t - 3 \end{cases}$ $(0 \leqq t \leqq 2)$

Q1.8 次の曲線の (　) 内に指定された範囲の長さを求めよ.

(1) $y = \dfrac{2}{3}\sqrt{x^3}$ $(0 \leqq x \leqq 3)$ 　　　(2) $y = \dfrac{x^3}{6} + \dfrac{1}{2x}$ $\left(\dfrac{1}{2} \leqq x \leqq 2\right)$

(3) $y = e^{\frac{x}{2}} + e^{-\frac{x}{2}}$ $(0 \leqq x \leqq 2)$

Q1.9 次の極座標をもつ点の直交座標 (x, y) を求めよ.

(1) $\left(2, \dfrac{\pi}{6}\right)$ 　　　(2) $\left(1, \dfrac{3\pi}{2}\right)$ 　　　(3) $\left(2, \dfrac{4\pi}{3}\right)$

(4) $(5, \pi)$ 　　　(5) $\left(2, -\dfrac{\pi}{4}\right)$ 　　　(6) $\left(\sqrt{2}, -\dfrac{3\pi}{4}\right)$

Q1.10 次の直交座標をもつ点の極座標 (r, θ) を求めよ. ただし, $0 \leqq \theta < 2\pi$ とする.

(1) $(2, 2\sqrt{3})$ 　　　(2) $(-2, 2)$ 　　　(3) $(1, -\sqrt{3})$

(4) $(-4, 0)$ 　　　(5) $(-\sqrt{2}, -\sqrt{2})$ 　　　(6) $(0, -4)$

Q1.11 次の直交座標で表された図形の極方程式および θ の範囲を求めよ.

(1) 直線 $x = 2$ 　　　(2) 直線 $y = 3$

(3) 直線 $x - y = 1$ 　　　(4) 円 $(x + 2)^2 + y^2 = 4$

(5) 円 $x^2 + (y - 3)^2 = 9$ 　　　(6) 円 $(x + 1)^2 + (y - 1)^2 = 2$

Q1.12 (　) 内に示された範囲で, 次の極方程式で表された曲線を図示せよ.

(1) $r = 2$ $(0 \leqq \theta \leqq 2\pi)$ 　　　(2) $r = \dfrac{\theta}{2}$ $(0 \leqq \theta \leqq 2\pi)$

(3) $r = 4\sin\theta$ $(0 \leqq \theta \leqq \pi)$

Q1.13　次の曲線や半直線で囲まれた図形の面積を求めよ.

(1) $r = \dfrac{\theta}{2}$ $(0 \leq \theta \leq \pi)$, 半直線 $\theta = \pi$　(2) $r = \dfrac{2}{\cos\theta}$, 半直線 $\theta = 0$, $\theta = \dfrac{\pi}{3}$

(3) $r = 2\sin\theta$ $\left(\dfrac{\pi}{4} \leq \theta \leq \dfrac{3\pi}{4}\right)$, 半直線 $\theta = \dfrac{\pi}{4}$, $\theta = \dfrac{3\pi}{4}$

(4) $r = 1 + \sin\theta$ $(0 \leq \theta \leq 2\pi)$

Q1.14　次の曲線の長さを求めよ.

(1) $r = 2\theta$ $(0 \leq \theta \leq \pi)$　　　　(2) $r = e^{2\theta}$ $(0 \leq \theta \leq \pi)$

(3) $r = 2\cos\theta$ $\left(-\dfrac{\pi}{2} \leq \theta \leq \dfrac{\pi}{2}\right)$　(4) $r = 1 + \cos\theta$ $(0 \leq \theta \leq \pi)$

B

Q1.15　次の媒介変数表示から t を消去した方程式を求め, どのような曲線であるかを述べよ. また, その曲線をかき, t の変化に応じて, 曲線上の点 $\mathrm{P}(t)$ がどのように曲線上を移動しているかを調べ, 図示せよ.　→ Q1.1

(1) $\begin{cases} x = \sqrt{t+1} \\ y = \dfrac{t}{2} + 1 \end{cases}$　　(2) $\begin{cases} x = e^{-t} + 1 \\ y = e^t + 1 \end{cases}$

(3) $\begin{cases} x = \cos t + \sin t \\ y = \cos t - \sin t \end{cases}$　　(4) $\begin{cases} x = \dfrac{1}{t+1} \\ y = \dfrac{t-1}{t+1} \end{cases}$

Q1.16　次の媒介変数表示から t を消去した方程式を導け.　→ Q1.1

(1) $\begin{cases} x = \dfrac{1-t^2}{1+t^2} \\ y = \dfrac{2t}{1+t^2} \end{cases}$ (2) $\begin{cases} x = \dfrac{3t}{1+t^3} \\ y = \dfrac{3t^2}{1+t^3} \end{cases}$ (3) $\begin{cases} x = 2\cos^2 t \\ y = 3\sin^2 t \end{cases}$ (4) $\begin{cases} x = \tan t \\ y = \dfrac{1}{\cos t} \end{cases}$

Q1.17　次の媒介変数表示された曲線の接線ベクトル $\boldsymbol{v}(t)$ を求めよ.

→ まとめ 1.2, Q1.3, Q1.4

(1) $\begin{cases} x = \sin^2 t \\ y = \sin^2 t \tan t \end{cases}$　　(2) $\begin{cases} x = \dfrac{4t}{1+t^3} \\ y = \dfrac{4t^2}{1+t^3} \end{cases}$

(3) $\begin{cases} x = \dfrac{1}{e^t + e^{-t}} \\ y = \dfrac{e^t - e^{-t}}{e^t + e^{-t}} \end{cases}$　　(4) $\begin{cases} x = \cos t + t\sin t \\ y = \sin t - t\cos t \end{cases}$

Q1.18 曲線上の点 P を通り，P における曲線の接線と垂直な直線を，P における曲線の**法線**という．次の曲線の，与えられた t の値に対応する点における接線および法線の方程式を求めよ． → まとめ 1.3, Q1.5

(1) $\begin{cases} x = \cos 3t \\ y = \sin 2t \end{cases} \left(t = \dfrac{\pi}{6} \right)$
(2) $\begin{cases} x = \cos^3 t \\ y = \sin^3 t \end{cases} \left(t = \dfrac{\pi}{4} \right)$

(3) $\begin{cases} x = 2e^t \\ y = e^{\frac{t}{2}} \end{cases} (t = 0)$
(4) $\begin{cases} x = \sin^{-1} t \\ y = \log \sqrt{1 - t^2} \end{cases} \left(t = \dfrac{1}{2} \right)$

例題 1.1

関数 $f(t), g(t)$ が微分可能で，$f'(t) \neq 0$ とする．x, y の関係が媒介変数表示 $\begin{cases} x = f(t) \\ y = g(t) \end{cases}$ で表されているとき，関数 $x = f(t)$ の逆関数が存在すれば，y は x の関数となる．このとき，合成関数の導関数と逆関数の導関数から，$\dfrac{dy}{dx}$ を次のように表すことができる．

$$\frac{dy}{dx} = \frac{dy}{dt}\frac{dt}{dx} = \frac{\dfrac{dy}{dt}}{\dfrac{dx}{dt}} = \frac{g'(t)}{f'(t)}$$

このことを用いて，x, y の関係が t を媒介変数として次の式で表されるとき，$\dfrac{dy}{dx}$ を求めよ．

(1) $\begin{cases} x = t - t^3 \\ y = 1 - t^4 \end{cases}$
(2) $\begin{cases} x = 2\cos t \\ y = 3\sin t \end{cases}$

解 (1) $\dfrac{dx}{dt} = 1 - 3t^2,\ \dfrac{dy}{dt} = -4t^3$ なので，$\dfrac{dy}{dx} = \dfrac{4t^3}{3t^2 - 1}$

(2) $\dfrac{dx}{dt} = -2\sin t,\ \dfrac{dy}{dt} = 3\cos t$ なので，$\dfrac{dy}{dx} = -\dfrac{3\cos t}{2\sin t}$

Q1.19 x, y の関係が媒介変数表示 $\begin{cases} x = f(t) \\ y = g(t) \end{cases}$ $(f'(t) \neq 0)$ で表されているとき，

$$\frac{d^2y}{dx^2} = \left(\frac{g'(t)}{f'(t)} \right)' \cdot \frac{1}{f'(t)}$$

が成り立つことを示せ. またこのことを用いて, 次の (1) から (4) において
$\dfrac{dy}{dx}, \dfrac{d^2y}{dx^2}$ を求めよ.

(1) $\begin{cases} x = t^2 - 1 \\ y = t^3 - 3t \end{cases}$
(2) $\begin{cases} x = 4\cos^2 t \\ y = 2\sin t \end{cases}$

(3) $\begin{cases} x = e^{-t}\cos t \\ y = e^{-t}\sin t \end{cases}$
(4) $\begin{cases} x = \tan^{-1} t \\ y = \log\sqrt{1+t^2} \end{cases}$

Q1.20 次の媒介変数表示された曲線と, x 軸で囲まれた図形の面積を求めよ.

→ まとめ 1.4, Q1.6

(1) $\begin{cases} x = \sqrt{t} \\ y = 4t - t^2 \end{cases}$ $(0 \le t \le 4)$
(2) $\begin{cases} x = \sin t \\ y = 1 + \cos 2t \end{cases}$ $\left(-\dfrac{\pi}{2} \le t \le \dfrac{\pi}{2}\right)$

(3) $\begin{cases} x = \cos t + \sin t \\ y = \cos t - \sin t \end{cases}$ $\left(-\dfrac{3\pi}{4} \le t \le \dfrac{\pi}{4}\right)$

例題 1.2

曲線 $\begin{cases} x = t^2 \\ y = 2t - t^2 \end{cases}$ $(0 \le t \le 2)$ と

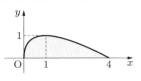

x 軸で囲まれた図形を, x 軸のまわりに回転して
できる回転体の体積を求めよ.

解 回転体の体積は, $V = \pi \displaystyle\int_a^b y^2\, dx$ を $x = f(t)$ として置換積分することで計算され

る. $t = 0$ のとき $x = 0$, $t = 2$ のとき $x = 4$ なので, $V = \pi \displaystyle\int_0^4 y^2\, dx$ を $x = t^2$ として

置換積分すると,

$$V = \pi \int_0^2 \left(2t - t^2\right)^2 \cdot 2t\, dt = \pi \int_0^2 \left(8t^3 - 8t^4 + 2t^5\right) dt = \frac{32}{15}\pi$$

Q1.21 次の曲線と x 軸で囲まれた図形を, x 軸のまわりに回転してできる回転体の
体積を求めよ.

(1) 曲線 $\begin{cases} x = 2\sin t \\ y = 1 + \cos 2t \end{cases}$ $\left(-\dfrac{\pi}{2} \le t \le \dfrac{\pi}{2}\right)$

(2) 楕円 $\begin{cases} x = 2\cos t \\ y = 3\sin t \end{cases}$ $(0 \le t \le \pi)$

(3) $\begin{cases} x = t - \sin t \\ y = -\cos t \end{cases}$ $\left(\dfrac{\pi}{2} \le t \le \dfrac{3\pi}{2} \right)$

(4) $\begin{cases} x = \cos t + \sin t \\ y = \cos t - \sin t \end{cases}$ $\left(-\dfrac{3\pi}{4} \le t \le \dfrac{\pi}{4} \right)$

Q1.22 次の曲線の長さ L を求めよ. → まとめ 1.5, Q1.7

(1) $\begin{cases} x = \dfrac{1 - t^2}{1 + t^2} \\ y = \dfrac{2t}{1 + t^2} \end{cases}$ $(0 \le t \le 1)$　(2) $\begin{cases} x = e^{-t}\cos t \\ y = e^{-t}\sin t \end{cases}$ $(0 \le t \le \pi)$

(3) $\begin{cases} x = 2\cos t - \cos 2t \\ y = 2\sin t - \sin 2t \end{cases}$ $(0 \le t \le \pi)$　(4) $\begin{cases} x = \sin^{-1} t \\ y = \log\sqrt{1 - t^2} \end{cases}$ $\left(0 \le t \le \dfrac{1}{2} \right)$

Q1.23 次の曲線の長さ L を求めよ. → まとめ 1.6, Q1.8

(1) $y = \dfrac{x^2}{2} - \dfrac{\log x}{4}$ $(1 \le x \le e)$　(2) $y = \sqrt{x}$ $\left(\dfrac{1}{4} \le x \le \dfrac{1}{2} \right)$

Q1.24 次の直交座標で表された図形の極方程式および θ の範囲を求めよ.

→ まとめ 1.8, Q1.11

(1) $x^2 + y^2 = 2y$ 　　　　　　　　(2) $(x^2 + y^2)^2 = 2xy$

Q1.25 次の曲線や半直線で囲まれた図形の面積 S を求めよ. → まとめ 1.9, Q1.13

(1) $r = 2 + \cos 2\theta$ $(0 \le \theta \le \pi)$, 半直線 $\theta = 0$, $\theta = \pi$

(2) $r = 2 + 3\sin\theta$ $(0 \le \theta \le \pi)$, 半直線 $\theta = 0$, $\theta = \pi$

(1)

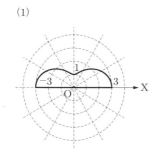

(2)

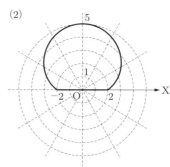

(3) $r = 2\cos\dfrac{\theta}{2}$　　$(0 \leqq \theta \leqq \pi)$, 半直線 $\theta = 0$

(4) $r = \dfrac{2}{1 + \cos\theta}$　$\left(0 \leqq \theta \leqq \dfrac{2\pi}{3}\right)$, 半直線 $\theta = 0$, $\theta = \dfrac{2\pi}{3}$

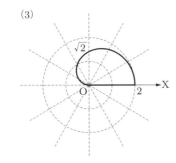

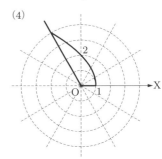

Q1.26　次の曲線の長さ L を求めよ.　　　　　　　→ まとめ 1.10, Q1.14

(1) $r = \theta^2$　$(0 \leqq \theta \leqq 2\pi)$　　　　　(2) $r = \cos^3\dfrac{\theta}{3}$　$\left(0 \leqq \theta \leqq \dfrac{3\pi}{2}\right)$

Q1.27　極方程式 $r = \dfrac{1}{1 + a\cos\theta}$ で表される曲線は, $|a| < 1$ のとき楕円, $a = \pm 1$ のとき放物線, $|a| > 1$ のとき双曲線であることを証明せよ.　　　→ まとめ 1.8

C

Q1.28　曲線 $\begin{cases} x = t - \sin 2t \\ y = 1 - \cos 2t \end{cases}$ $(0 < t < \pi)$ について, $\dfrac{dy}{dx}$, $\dfrac{d^2y}{dx^2}$ を t を用いて表せ.

(類題：東京農工大学)

Q1.29　曲線 $\begin{cases} x = e^{-t} \\ y = t^2 e^{-t} \end{cases}$ について, 次の各問いに答えよ.

(類題：東京農工大学)

(1) $\dfrac{dy}{dx}$, $\dfrac{d^2y}{dx^2}$ を t を用いて表せ.

(2) $\dfrac{dy}{dx} = 0$ となる t の値, およびそのときの x, y の値を求めよ.

(3) y を x の関数と考えたときの極値を求めよ.

Q1.30　媒介変数 t を用いて

$$\begin{cases} x = t^2 - 3 \\ y = t^3 - 3t \end{cases}$$

と表される曲線の概形は，右図のようになる．この曲線につ
いて，次の各問いに答えよ． (類題：京都大学)

(1) $\dfrac{dy}{dx}$, $\dfrac{d^2y}{dx^2}$ を t を用いて表せ．

(2) この曲線が上に凸になる t の範囲を求めよ．

(3) t を消去して，この曲線の x と y だけの方程式を導き，
曲線が x 軸に関して対称であることを示せ．

(4) この曲線で囲まれる図形の面積 S を求めよ．

Q1.31 媒介変数 θ を用いて

$$\begin{cases} x = 2\cos\theta - \cos 2\theta \\ y = 2\sin\theta + \sin 2\theta \end{cases} \quad (0 \le \theta \le 2\pi)$$

と表される曲線の概形は，右図のようになる．この曲線に
ついて，次の各問いに答えよ． (類題：大阪大学)

(1) $\dfrac{dx}{d\theta} = 0$ となる θ の値を求めて，$x = 2\cos\theta - \cos 2\theta$ の増減表をかけ．

(2) $\dfrac{dy}{d\theta} = 0$ となる θ の値を求めて，$y = 2\sin\theta + \sin 2\theta$ の増減表をかけ．

(3) 図の点 P, Q, S, T は θ のどのような値に対応する点かを示し，それぞれの
点の座標を求めよ．

(4) この曲線が x 軸に関して対称になることを用いて，この曲線で囲まれる図形
の面積 S を求めよ．

Q1.32 媒介変数 t を用いて

$$\begin{cases} x = \pi\sin t \\ y = -t\cos t \end{cases} \quad \left(0 \le t \le \dfrac{\pi}{2}\right)$$

と表される曲線と x 軸で囲まれる図形の面積 S を求めよ． (類題：東北大学)

Q1.33 2曲線 C_1, C_2 がそれぞれ

$$C_1 : y = \left(\dfrac{e^x - e^{-x}}{2}\right)^2, \quad C_2 : y = -x^2$$

で与えられているとき，次の問いに答えよ． (類題：九州大学)

(1) 2曲線 C_1, C_2 のグラフの概形をかけ．

(2) 直線 $x = 1$ と2曲線 C_1, C_2 で囲まれた図形の周の長さ L を求めよ．

Q1.34　方程式 $(x^2+y^2)^3 = 4(x^2-y^2)^2$ で与えられている曲線について，次の各問いに答えよ.

（類題：東京都立大学）

(1) この曲線の極座標 (r,θ) を用いた極方程式を求めよ.

(2) $-\dfrac{\pi}{4} \leqq \theta \leqq \dfrac{\pi}{4}$ の範囲で，この曲線の概形をかけ.

(3) $-\dfrac{\pi}{4} \leqq \theta \leqq \dfrac{\pi}{4}$ の範囲で，この曲線が囲む図形の面積 S を求めよ.

Q1.35　極方程式 $r = 2\sin\theta\ (0 \leqq \theta \leqq \pi)$ で表される曲線について，次の各問いに答えよ.

（類題：名古屋大学）

(1) この曲線の θ による媒介変数表示を求めよ.

(2) $\dfrac{dy}{dx},\ \dfrac{d^2y}{dx^2}$ を θ を用いて表せ.

(3) $\theta = \dfrac{\pi}{6}$ に対応する点における接線の極方程式を求めよ.

2　関数の極限と積分法

=== まとめ ===

2.1　不定形　$\displaystyle\lim_{x \to a} f(x) = \lim_{x \to a} g(x) = 0$ となるとき，$\displaystyle\lim_{x \to a} \dfrac{f(x)}{g(x)}$ を $\dfrac{0}{0}$ の不定形という. $\displaystyle\lim_{x \to a} |f(x)| = \lim_{x \to a} |g(x)| = \infty$ となるときは，$\dfrac{\infty}{\infty}$ の不定形という. $x \to \pm\infty$ のときも同様である.

2.2　ロピタルの定理　$x = a$ を含む開区間で微分可能な関数 $f(x),\ g(x)$ が，$x \neq a$ のとき $g(x) \neq 0,\ g'(x) \neq 0$ であり，さらに $\displaystyle\lim_{x \to a} f(x) = \lim_{x \to a} g(x) = 0$ を満たすとき，$\displaystyle\lim_{x \to a} \dfrac{f'(x)}{g'(x)}$ が存在すれば $\displaystyle\lim_{x \to a} \dfrac{f(x)}{g(x)}$ も存在して，$\displaystyle\lim_{x \to a} \dfrac{f(x)}{g(x)} = \lim_{x \to a} \dfrac{f'(x)}{g'(x)}$ が成り立つ. この定理は，$\dfrac{\infty}{\infty}$ の不定形や $x \to \pm\infty$ の場合にも適用できる.

2.3　広義積分　次の各式で，右辺の極限値が定まるとき，その値を左辺の記号で表す. このように拡張して定義された定積分を**広義積分**という.

(1) 積分区間の端点で被積分関数 $f(x)$ が定義されていない場合の広義積分

$f(x)$ が下端 a で定義されていない場合　$\displaystyle\int_a^b f(x)\,dx = \lim_{\varepsilon \to +0} \int_{a+\varepsilon}^b f(x)\,dx$

$f(x)$ が上端 b で定義されていない場合　$\displaystyle\int_a^b f(x)\,dx = \lim_{\varepsilon \to +0}\int_a^{b-\varepsilon} f(x)\,dx$

(2) 積分区間が $[a, \infty)$ または $(-\infty, b]$ の場合の広義積分

$[a, \infty)$ の場合　$\displaystyle\int_a^\infty f(x)\,dx = \lim_{M \to \infty}\int_a^M f(x)\,dx$

$(-\infty, b]$ の場合　$\displaystyle\int_{-\infty}^b f(x)\,dx = \lim_{M \to \infty}\int_{-M}^b f(x)\,dx$

A

Q2.1 次の極限値を求めよ.

(1) $\displaystyle\lim_{x \to -1}\frac{x^3+1}{x^2+3x+2}$

(2) $\displaystyle\lim_{x \to 0}\frac{e^x - e^{-x}}{\sin x}$

(3) $\displaystyle\lim_{x \to 0}\frac{e^x - 1}{x}$

(4) $\displaystyle\lim_{x \to 1}\frac{\log x}{x-1}$

(5) $\displaystyle\lim_{x \to \infty}\frac{x^2-3x+2}{2x^2+4x-3}$

(6) $\displaystyle\lim_{x \to \infty}\frac{x^2+x+1}{e^x}$

(7) $\displaystyle\lim_{x \to \infty}(x^2+1)e^{-x}$

(8) $\displaystyle\lim_{x \to +0}\sqrt{x}\log x$

Q2.2 次の関数の増減と極限を調べて, グラフをかけ.

(1) $y = (x+1)e^{-x}$

(2) $y = x^2\log x$

Q2.3 次の広義積分を求めよ.

(1) $\displaystyle\int_0^1 \frac{1}{\sqrt[3]{x^2}}\,dx$

(2) $\displaystyle\int_{-1}^0 \frac{1}{(x+1)^2}\,dx$

(3) $\displaystyle\int_0^4 \frac{1}{\sqrt{4-x}}\,dx$

(4) $\displaystyle\int_1^{\sqrt{2}} \frac{1}{\sqrt{2-x^2}}\,dx$

Q2.4 次の広義積分を求めよ.

(1) $\displaystyle\int_0^\infty \frac{1}{1+x}\,dx$

(2) $\displaystyle\int_0^\infty \frac{1}{(1+x)^2}\,dx$

(3) $\displaystyle\int_0^\infty \frac{1}{\sqrt{1+x}}\,dx$

(4) $\displaystyle\int_0^\infty \frac{1}{x^2+9}\,dx$

Q2.5 次の広義積分を求めよ.

(1) $\displaystyle\int_0^1 x^2\log x\,dx$

(2) $\displaystyle\int_0^\infty xe^{-3x}\,dx$

■ B ■

Q2.6 次の極限値を求めよ. → Q2.1

(1) $\displaystyle\lim_{x\to 0}\frac{\tan^{-1}3x}{x}$

(2) $\displaystyle\lim_{x\to 0}\frac{x-\tan x}{x^3}$

(3) $\displaystyle\lim_{x\to 0}\frac{x-\sin^{-1}x}{x^3}$

(4) $\displaystyle\lim_{x\to\infty}\frac{\log x+\sin x}{x}$

Q2.7 関数 $y=xe^{-\frac{x^2}{2}}$ の増減を調べて, グラフをかけ. 漸近線に注意すること.

→ Q2.2

例題 2.1

極限値 $\displaystyle\lim_{x\to +0}x^x$ を求めよ.

- -

解 対数をとって考え, ロピタルの定理を利用する.

$$\lim_{x\to +0}\log x^x=\lim_{x\to +0}x\log x=\lim_{x\to +0}\frac{\log x}{\dfrac{1}{x}}\quad\left(\frac{\infty}{\infty}\text{の不定形}\right)$$

$$=\lim_{x\to +0}\frac{\dfrac{1}{x}}{-\dfrac{1}{x^2}}=\lim_{x\to +0}(-x)=0$$

したがって, $\displaystyle\lim_{x\to +0}x^x=\lim_{x\to +0}e^{\log x^x}=e^0=1$ である.

Q2.8 次の極限値を求めよ.

(1) $\displaystyle\lim_{x\to +0}x^{1-\cos x}$

(2) $\displaystyle\lim_{x\to +0}(\cos x)^{\frac{1}{x^2}}$

- -

Q2.9 次の広義積分を求めよ. → まとめ 2.3, Q2.3, Q2.4

(1) $\displaystyle\int_0^\infty\frac{x}{x^2+4}\,dx$

(2) $\displaystyle\int_{-\infty}^0\frac{e^x}{1+e^x}\,dx$

(3) $\displaystyle\int_0^\infty xe^{-x^2}\,dx$

(4) $\displaystyle\int_{-\infty}^0 xe^{2x}\,dx$

(5) $\displaystyle\int_0^2\frac{2x}{\sqrt{4-x^2}}\,dx$

(6) $\displaystyle\int_0^\infty\frac{e^x}{1+e^{2x}}\,dx$

例題 2.2

次の広義積分を求めよ.

(1) $\displaystyle\int_2^\infty\frac{1}{x^2+2x-3}\,dx$

(2) $\displaystyle\int_{-\infty}^\infty\frac{1}{x^2+1}\,dx$

(3) $\displaystyle\int_{-1}^1\frac{1}{1-x^2}\,dx$

解 (1) $\displaystyle\int_2^\infty \frac{1}{x^2+2x-3}\,dx = \lim_{M\to\infty}\int_2^M \frac{1}{(x-1)(x+3)}\,dx$

$\displaystyle = \frac{1}{4}\lim_{M\to\infty}\int_2^M \left(\frac{1}{x-1} - \frac{1}{x+3}\right)dx = \frac{1}{4}\lim_{M\to\infty}\left[\,\log\left|\frac{x-1}{x+3}\right|\,\right]_2^M$

$\displaystyle = \frac{1}{4}\left(\lim_{M\to\infty}\log\frac{M-2}{M+3} - \log\frac{1}{5}\right) = \frac{1}{4}\log 5$

(2) このような積分区間が $(-\infty, \infty)$ の広義積分は，c を任意の実数として，次のように定めて求める．

$$\int_{-\infty}^\infty \frac{1}{x^2+1}\,dx = \int_{-\infty}^c \frac{1}{x^2+1}\,dx + \int_c^\infty \frac{1}{x^2+1}\,dx$$

$$= \lim_{N\to\infty}\int_{-N}^c \frac{1}{x^2+1}\,dx + \lim_{M\to\infty}\int_c^M \frac{1}{x^2+1}\,dx$$

$$= \lim_{N\to\infty}\left[\tan^{-1}x\right]_{-N}^c + \lim_{M\to\infty}\left[\tan^{-1}x\right]_c^M$$

$$= \tan^{-1}c - \lim_{N\to\infty}\tan^{-1}(-N) + \lim_{M\to\infty}\tan^{-1}M - \tan^{-1}c$$

$$= -\left(-\frac{\pi}{2}\right) + \frac{\pi}{2} = \pi$$

[note] $\dfrac{1}{x^2+1}$ は偶関数なので，$\displaystyle\int_{-\infty}^\infty \frac{1}{x^2+1}\,dx = 2\int_0^\infty \frac{1}{x^2+1}\,dx$ として求めることもできる．

(3) このような広義積分は，$-1 < c < 1$ を満たす c をとって，次のように定めて求める．

$$\int_{-1}^1 \frac{1}{1-x^2}\,dx = \int_{-1}^c \frac{1}{1-x^2}\,dx + \int_c^1 \frac{1}{1-x^2}\,dx$$

$$= \lim_{\varepsilon_1\to+0}\int_{-1+\varepsilon_1}^c \frac{1}{1-x^2}\,dx + \lim_{\varepsilon_2\to+0}\int_c^{1-\varepsilon_2} \frac{1}{1-x^2}\,dx$$

$$= \lim_{\varepsilon_1\to+0}\left[\frac{1}{2}\left\{\log|1+x| - \log|1-x|\right\}\right]_{-1+\varepsilon_1}^c$$

$$\quad + \lim_{\varepsilon_2\to+0}\left[\frac{1}{2}\left\{\log|1+x| - \log|1-x|\right\}\right]_c^{1-\varepsilon_2}$$

$$= \frac{1}{2}\log\frac{1+c}{1-c} - \frac{1}{2}\lim_{\varepsilon_1\to+0}\log\frac{\varepsilon_1}{2-\varepsilon_1}$$

$$\quad + \frac{1}{2}\lim_{\varepsilon_2\to+0}\log\frac{2-\varepsilon_2}{\varepsilon_2} - \frac{1}{2}\log\frac{1+c}{1-c} = \infty$$

よって，存在しない．

[note]　$\dfrac{1}{1-x^2}$ は偶関数なので，$\displaystyle\int_{-1}^{1}\dfrac{1}{1-x^2}\,dx = 2\int_{0}^{1}\dfrac{1}{1-x^2}\,dx$ として求めることもできる．

Q2.10　次の広義積分を求めよ．ただし，$a>0, b>0$ で $a\neq b$ とする．

→ まとめ 2.3

(1) $\displaystyle\int_{2}^{\infty}\dfrac{1}{x^2+2x+4}\,dx$

(2) $\displaystyle\int_{a}^{\infty}\dfrac{1}{x(a+x)}\,dx$

(3) $\displaystyle\int_{0}^{\infty}\dfrac{1}{(x^2+a^2)(x^2+b^2)}\,dx$

(4) $\displaystyle\int_{-1}^{1}\dfrac{1}{\sqrt{1-x^2}}\,dx$

(5) $\displaystyle\int_{0}^{\infty}\dfrac{1}{x^2}\,dx$

(6) $\displaystyle\int_{1}^{\infty}\dfrac{1}{x\log x}\,dx$

Q2.11　次の広義積分が収束するように定数 p $(p>0)$ の値の範囲を定め，そのときの広義積分を求めよ．

→ まとめ 2.3, Q2.3, Q2.4

(1) $\displaystyle\int_{1}^{2}\dfrac{1}{x(\log x)^p}\,dx$

(2) $\displaystyle\int_{2}^{\infty}\dfrac{1}{x(\log x)^p}\,dx$

Q2.12　次の広義積分を求めよ．ただし，n は自然数である．　→ まとめ 2.3, Q2.3

(1) $\displaystyle\int_{0}^{1}x^n\log x\,dx$

(2) $\displaystyle\int_{0}^{1}(\log x)^n\,dx$

C

Q2.13　ロピタルの定理を用いて，次の極限値を求めよ．

(1) $\displaystyle\lim_{x\to\infty}\dfrac{x^n}{e^{2x}}$　　（n は正の整数）　　　　　　（類題：福井大学）

(2) $\displaystyle\lim_{x\to 0}x^2(\log|x|)^n$　　（n は正の整数）　　　　　（類題：埼玉大学）

Q2.14　関数 $f(x)=\dfrac{x}{2^x}$ $(x\geq 0)$ について，次の問いに答えよ．　（類題：東北大学）

(1) $f(x)$ の導関数 $f'(x)$ および第 2 次導関数 $f''(x)$ を求めよ．

(2) $f(x)$ の増減，極値，グラフの凹凸，そして変曲点を調べて，関数 $y=f(x)$ のグラフの概形をかけ．

Q2.15　関数 $f(x)=5(2x-x^2)e^{-x}$ $(x\geq 0)$ の増減と極値を調べてグラフをかけ．

（類題：名古屋大学）

Q2.16 次の広義積分を求めよ． （類題：東京工業大学）

$$\int_2^\infty \frac{\log x}{(x-1)^2}\, dx$$

Q2.17 （　）内に指定された置換を行うことにより，次の広義積分を求めよ．

(1) $\displaystyle\int_0^\infty \frac{2+x^2}{4-3x^2+x^4}\, dx \quad \left(t = x - \frac{2}{x}\right)$ （類題：東京農工大学）

(2) $\displaystyle\int_2^\infty \frac{x}{(x^2+2)\sqrt{x^2-4}}\, dx \quad \left(t = \sqrt{x^2-4}\right)$ （類題：筑波大学）

Q2.18 n が自然数のとき，$I_n = \displaystyle\int_0^\infty \frac{x}{(1+x^2)^n}\, dx$ が存在するための n の条件を求め，存在する場合はこの広義積分を求めよ． （類題：大阪大学）

Q2.19 a を実数とするとき，次の各問いに答えよ． （類題：九州大学）

(1) 自然数 n と実数 $x \geqq 1$ に対して，不等式 $\dfrac{x^n}{\sqrt{x^2+a^2}} \geqq \dfrac{x}{\sqrt{x^2+a^2}}$ が成り立つことを示せ．

(2) 区間 $[1,\infty)$ において連続な関数 $f(x)$, $g(x)$ が $f(x) \geqq g(x)$ を満たすとき，$\displaystyle\int_1^\infty f(x)\, dx \geqq \int_1^\infty g(x)\, dx$ が成り立つ．このことを使って，自然数 n に対して，広義積分 $\displaystyle\int_1^\infty \frac{x^n}{\sqrt{x^2+a^2}}\, dx$ は存在しないことを示せ．

Q2.20 数列 $\{I_n\}$ が次の式で定義されているとする．

$$I_n = \int_0^\infty x^{2n} e^{-x^2}\, dx$$

このとき，以下の問いに答えよ．ただし，n は 0 以上の整数である．

（類題：奈良女子大学，豊橋技術科学大学）

(1) 漸化式 $I_n = \dfrac{2n-1}{2} I_{n-1}$ $(n \geqq 1)$ が成立することを示せ．

(2) $I_0 = \dfrac{\sqrt{\pi}}{2}$ であることを利用して，I_n を n の式で表せ．

2

関数の展開

3　関数の展開

まとめ

3.1 **第 n 次導関数**　$y = f(x)$ を n 回微分して得られる関数を $y = f(x)$ の第 n 次導関数といい，$y^{(n)}$, $f^{(n)}(x)$, $\dfrac{d^n y}{dx^n}$, $\dfrac{d^n}{dx^n} f(x)$ などで表す．

3.2 **収束半径**　べき級数 $\displaystyle\sum_{n=0}^{\infty} a_n x^n = a_0 + a_1 x + a_2 x^2 + \cdots + a_n x^n + \cdots$ に対して，$|x| < r$ のときにべき級数が収束し，$|x| > r$ のときに発散するような正の定数 r が存在するとき，r をこのべき級数の**収束半径**という．$x = 0$ 以外では収束しないとき，収束半径は 0 とする．すべての実数 x で収束するとき，収束半径は無限大であるといい，$r = \infty$ とかく．$\displaystyle\lim_{n \to \infty} \left| \dfrac{a_n}{a_{n+1}} \right|$ が存在すれば，その値が収束半径で，$\displaystyle\lim_{n \to \infty} \left| \dfrac{a_n}{a_{n+1}} \right| = \infty$ のときは，$r = \infty$ である．

3.3 **項別微分・項別積分**　べき級数 $\displaystyle\sum_{n=0}^{\infty} a_n x^n$ の収束半径を r とする．$f(x) = \displaystyle\sum_{n=0}^{\infty} a_n x^n$ とおくと，$|x| < r$ を満たす x に対して，次の等式が成り立つ．

(1) $f'(x) = \displaystyle\sum_{n=1}^{\infty} n a_n x^{n-1}$
　　　　　　(2) $\displaystyle\int_0^x f(t) dt = \sum_{n=0}^{\infty} \dfrac{a_n}{n+1} x^{n+1}$

3.4 **べき級数展開**　関数 $f(x)$ が $|x - a| < r$ （r は正の数）となる x に対して収束するべき級数により，$f(x) = \displaystyle\sum_{n=0}^{\infty} a_n (x - a)^n$ と表されているとき，右辺を $f(x)$ の $x = a$ のまわりのべき級数展開という．

3.5 **テイラーの定理**　何回でも微分可能な関数 $f(x)$ について，

$$f(x) = f(a) + \dfrac{f'(a)}{1!}(x-a) + \dfrac{f''(a)}{2!}(x-a)^2 + \cdots + \dfrac{f^{(n)}(a)}{n!}(x-a)^n + R_{n+1}(x)$$

とするとき，剰余項 $R_{n+1}(x)$ は，a と x の間のある適当な値 c を用いて

$$R_{n+1}(x) = \frac{f^{(n+1)}(c)}{(n+1)!}(x-a)^{n+1}$$

と表すことができる．とくに，$a = 0$ のときは，**マクローリンの定理**という．

3.6　テイラー展開　$x = a$ を含む開区間で $\lim_{n \to \infty} R_{n+1}(x) = 0$ なら，その区間で

$$f(x) = \sum_{n=0}^{\infty} \frac{f^{(n)}(a)}{n!}(x-a)^n$$

$$= f(a) + \frac{f'(a)}{1!}(x-a) + \frac{f''(a)}{2!}(x-a)^2 + \cdots + \frac{f^n(a)}{n!}(x-a)^n + \cdots$$

が成り立つ．これを $f(x)$ の $x = a$ のまわりの**テイラー展開**という．とくに，$a = 0$ のとき，テイラー展開を**マクローリン展開**という．

3.7　基本的な関数のマクローリン展開

$$e^x = 1 + \frac{x}{1!} + \frac{x^2}{2!} + \frac{x^3}{3!} + \cdots + \frac{x^n}{n!} + \cdots \qquad (x \text{ は任意の実数})$$

$$\sin x = \frac{x}{1!} - \frac{x^3}{3!} + \frac{x^5}{5!} - \frac{x^7}{7!} + \cdots + (-1)^n \frac{x^{2n+1}}{(2n+1)!} + \cdots$$
$$\qquad\qquad (x \text{ は任意の実数})$$

$$\cos x = 1 - \frac{x^2}{2!} + \frac{x^4}{4!} - \frac{x^6}{6!} + \cdots + (-1)^n \frac{x^{2n}}{(2n)!} + \cdots \qquad (x \text{ は任意の実数})$$

$$\frac{1}{1+x} = 1 - x + x^2 - x^3 + x^4 - \cdots + (-1)^n x^n + \cdots \qquad (|x| < 1)$$

$$\log(1+x) = x - \frac{x^2}{2} + \frac{x^3}{3} - \frac{x^4}{4} + \cdots + (-1)^n \frac{x^{n+1}}{n+1} + \cdots \qquad (|x| < 1)$$

3.8　オイラーの公式　任意の実数 θ について，次の式が成り立つ．

$$e^{i\theta} = \cos\theta + i\sin\theta \quad (i \text{ は虚数単位})$$

3.9　n 次近似式　$x \fallingdotseq 0$ であれば，近似式

$$f(x) \fallingdotseq f(0) + \frac{f'(0)}{1!}x + \frac{f''(0)}{2!}x^2 + \cdots + \frac{f^{(n)}(0)}{n!}x^n \quad (x \fallingdotseq 0)$$

が成り立つ．これをマクローリン多項式による $f(x)$ の **n 次近似式**という．

A

Q3.1　$y = x\sin x$ の第 4 次までの導関数を求めよ．

Q3.2　0 以上の整数 n について，次の関数の第 n 次導関数を求めよ．

(1) $y = e^{-3x}$ 　　　　　　　　　　　　(2) $y = \dfrac{1}{1-2x}$

Q3.3　次の等比級数の収束半径 r を求め，収束するときにはその和を求めよ．

(1) $1 + 2x + 4x^2 + 8x^3 + \cdots + 2^n x^n + \cdots$

(2) $1 - \dfrac{1}{2}x + \dfrac{1}{4}x^2 - \dfrac{1}{8}x^3 + \cdots + \left(-\dfrac{1}{2}\right)^n x^n + \cdots$

(3) $1 + 2x^2 + 4x^4 + 8x^6 + \cdots + 2^n x^{2n} + \cdots$

(4) $1 + \dfrac{1}{\sqrt{2}}x + \dfrac{1}{2}x^2 + \dfrac{1}{2\sqrt{2}}x^3 + \cdots + \left(\dfrac{1}{\sqrt{2}}\right)^n x^n + \cdots$

Q3.4　次のべき級数の収束半径 r を求めよ．

(1) $\displaystyle\sum_{n=0}^{\infty} \dfrac{2^n}{n+1} x^n$ 　　　　　　　　(2) $\displaystyle\sum_{n=0}^{\infty} \dfrac{1}{n!} x^n$

Q3.5　べき級数展開 $\dfrac{1}{1+x} = 1 - x + x^2 - x^3 + \cdots \ (|x| < 1)$ に対して，次の関数のべき級数展開を求めよ．

(1) $\dfrac{1}{1+2x}$ 　　　　　(2) $\dfrac{1}{(1+2x)^2}$ 　　　　　(3) $\log(1+2x)$

Q3.6　次の関数のマクローリン展開を求めよ．

(1) $\cos 3x$ 　　　　(2) e^{-x} 　　　　(3) $\sin 3x$ 　　　　(4) $\log(1-x^2)$

Q3.7　次の値を求めよ．

(1) $e^{\frac{\pi}{4}i}$ 　　　　　　　(2) $e^{\frac{3\pi}{2}i}$ 　　　　　　　(3) $e^{-\frac{\pi}{6}i}$

Q3.8　次の関数 $f(x)$ のマクローリン多項式による 2 次近似式を求め，( ) 内の値の近似値を小数第 3 位まで求めよ．

(1) $f(x) = \dfrac{1}{\sqrt{1+x}}$ 　$\left(\dfrac{1}{\sqrt{1.04}}\right)$ 　　(2) $f(x) = e^{-x}$ 　$\left(\dfrac{1}{\sqrt[6]{e}}\right)$

Q3.9　$f(x) = \cos x$ のマクローリン多項式による 4 次近似式によって，$\cos 0.5$ の近似値を小数第 4 位まで求め，そのときの誤差の大きさを見積もれ．

B

Q3.10　べき級数 $\displaystyle\sum_{n=1}^{\infty} \dfrac{n \cdot (2n-2)!}{6^n \cdot (n!)^2} x^n$ の収束半径 r を求めよ．　→ **まとめ** 3.2, Q3.4

Q3.11　次の関数のマクローリン展開を求めよ．　→ **まとめ** 3.3, 3.7, Q3.5, Q3.6

(1) e^{x+2} 　　　　　　　(2) $\sin\left(x + \dfrac{\pi}{3}\right)$ 　　　　　　　(3) $\log(2+x)$

(4) $\dfrac{1}{1+x^2}$　(5) e^{x^2}　(6) $\dfrac{1}{(1-x)^3}$

Q3.12 $\sinh x = \dfrac{e^x - e^{-x}}{2}, \cosh x = \dfrac{e^x + e^{-x}}{2}$ のマクローリン展開を求めよ.

→ まとめ 3.7, Q3.6

Q3.13 $-1 < x < 1$ のとき, 任意の実数 p に対する $(1+x)^p$ のマクローリン展開

$$(1+x)^p = 1 + px + \frac{p(p-1)}{2!}x^2 + \cdots + \frac{p(p-1)\cdots(p-n+1)}{n!}x^n + \cdots$$

を使って, 次の関数のマクローリン展開の 0 でないはじめの 4 項を求めよ.

→ まとめ 3.6

(1) $\dfrac{1}{\sqrt[3]{(1+x)^2}}$　(2) $\sqrt[3]{1+3x}$

Q3.14 $\dfrac{1}{1-x} = \displaystyle\sum_{n=0}^{\infty} x^n \ (-1 < x < 1)$ を利用して, 次の関数の $x = 1$ のまわりのテイラー展開を求めよ.

→ まとめ 3.3, 3.5, Q3.5

(1) $\dfrac{1}{(3-2x)^2}$　(2) $\log(1+3x)$

Q3.15 マクローリンの定理を利用して, 極限値 $\displaystyle\lim_{x \to 0} \frac{e^x - 1 - x}{x^2}$ を求めよ.

→ まとめ 3.7

C

Q3.16 $f(x) = \sqrt[5]{1+x} \quad (-1 < x < 1)$ とする. このとき, 次の問いに答えよ.

（類題：金沢大学）

(1) $f'(x),\ f''(x)$ および $f'''(x)$ を求めよ.

(2) マクローリンの定理を適用し, $f(x)$ の 2 次近似多項式およびその剰余項 R_3 を求めよ.

(3) (2) を用いて, $\sqrt[5]{1.01}$ の近似値を求めよ. また, そのときの誤差の大きさを見積もれ.

Q3.17 次の問いに答えよ.

（類題：金沢大学）

(1) 関数 $f(x) = e^{-\frac{x}{2}}$ にマクローリンの定理をあてはめた式をかけ.

(2) (1) を用いて, 自然数 m について, 次の不等式が成り立つことを示せ.

$$0 < \frac{1}{\sqrt{e}} - \sum_{k=0}^{2m-1} \frac{(-1)^k}{2^k \cdot k!} < \frac{1}{2^{2m} \cdot (2m)!}$$

3

偏微分法

4　偏導関数

まとめ

4.1　2変数関数　2変数関数 $z = f(x, y)$ において，独立変数の組 (x, y) のとりうる範囲を**定義域**，従属変数 z の値のとりうる範囲を**値域**という．空間の点 $(x, y, f(x, y))$ 全体を関数 $z = f(x, y)$ の**グラフ**といい，グラフが曲面を作るとき，そのグラフを**曲面** $z = f(x, y)$ という．

4.2　極限値　関数 $f(x, y)$ において，点 (x, y) が点 (a, b) に限りなく近づくとき，その近づき方によらず，$f(x, y)$ の値が一定の値 α に限りなく近づくならば，$f(x, y)$ は α に**収束する**といい，α をその**極限値**といって，次のように表す．

$$\lim_{(x,y)\to(a,b)} f(x, y) = \alpha \quad \text{または} \quad f(x, y) \to \alpha \ ((x, y) \to (a, b))$$

4.3　連続性　関数 $z = f(x, y)$ の定義域に含まれる点 (a, b) において，極限値 $\lim_{(x,y)\to(a,b)} f(x, y)$ が存在して，$\lim_{(x,y)\to(a,b)} f(x, y) = f(a, b)$ が成り立つとき，$f(x, y)$ は点 (a, b) で**連続**であるという．$f(x, y)$ が xy 平面上の領域の各点で連続であるとき，$f(x, y)$ はその領域で連続であるという．

4.4　偏微分係数　関数 $z = f(x, y)$ と点 (a, b) に対して

$$\lim_{h\to 0} \frac{f(a + h, b) - f(a, b)}{h}$$

が存在するとき，$f(x, y)$ は点 (a, b) において x について**偏微分可能**であるという．この極限値を $z = f(x, y)$ の点 (a, b) における x についての**偏微分係数**といい，$f_x(a, b)$, $z_x(a, b)$ などと表す．同様に，

$$\lim_{k\to 0} \frac{f(a, b + k) - f(a, b)}{k}$$

が存在するとき，$f(x, y)$ は点 (a, b) において y について偏微分可能であるという．この極限値を $z = f(x, y)$ の点 (a, b) における y についての偏微分係数といい，$f_y(a, b)$, $z_y(a, b)$ などと表す．

4.5 **偏導関数** 関数 $z = f(x, y)$ に対して，xy 平面上の領域 D の各点で

$$f_x(x, y) = \lim_{h \to 0} \frac{f(x + h, y) - f(x, y)}{h}$$

が存在するとき，この極限値を $z = f(x, y)$ の x についての**偏導関数**といい，z_x, $\dfrac{\partial z}{\partial x}$, $\dfrac{\partial}{\partial x} f(x, y)$ などと表す．同様に，xy 平面上の領域 D の各点で

$$f_y(x, y) = \lim_{k \to 0} \frac{f(x, y + k) - f(x, y)}{k}$$

が存在するとき，この極限値を $z = f(x, y)$ の y についての偏導関数といい，z_y, $\dfrac{\partial z}{\partial y}$, $\dfrac{\partial}{\partial y} f(x, y)$ などと表す．領域 D で f_x, f_y がともに存在するとき，$f(x, y)$ は領域 D で**偏微分可能**であるという．

4.6 **第 2 次偏導関数** 関数 $z = f(x, y)$ の偏導関数 f_x, f_y がさらに偏微分可能であるとき，$f(x, y)$ は **2 回偏微分可能**であるといい，それらの偏導関数を**第 2 次偏導関数**という．f_x の x についての偏導関数を次のように表す．

$$f_{xx}(x, y), \quad z_{xx}, \quad \frac{\partial^2 z}{\partial x^2}, \quad \frac{\partial^2}{\partial x^2} f(x, y)$$

f_x の y についての偏導関数を次のように表す．

$$f_{xy}(x, y), \quad z_{xy}, \quad \frac{\partial^2 z}{\partial y \partial x}, \quad \frac{\partial^2}{\partial y \partial x} f(x, y)$$

4.7 $\boldsymbol{f_{xy} = f_{yx}}$ **となるための十分条件** 関数 $f(x, y)$ の第 2 次偏導関数 f_{xy}, f_{yx} が存在してともに連続であるとき，$f(x, y)$ の第 2 次偏導関数は偏微分する変数の順序によらず，次が成り立つ．

$$f_{xy}(x, y) = f_{yx}(x, y)$$

4.8 **合成関数の導関数** 関数 $z = f(x, y)$ は偏微分可能で f_x, f_y はともに連続，関数 $x = x(t)$, $y = y(t)$ は微分可能であるとする．このとき，合成関数 $z = f(x(t), y(t))$ は微分可能で，その導関数は次のようになる．

$$\frac{dz}{dt} = \frac{\partial z}{\partial x} \frac{dx}{dt} + \frac{\partial z}{\partial y} \frac{dy}{dt}$$

4.9　合成関数の偏導関数　関数 $z = f(x, y)$ は偏微分可能で f_x, f_y はともに連続，関数 $x = x(u, v)$, $y = y(u, v)$ は偏微分可能であるとする．このとき，合成関数 $z = f(x(u, v), y(u, v))$ は偏微分可能で次が成り立つ．

$$\frac{\partial z}{\partial u} = \frac{\partial z}{\partial x} \frac{\partial x}{\partial u} + \frac{\partial z}{\partial y} \frac{\partial y}{\partial u}$$

$$\frac{\partial z}{\partial v} = \frac{\partial z}{\partial x} \frac{\partial x}{\partial v} + \frac{\partial z}{\partial y} \frac{\partial y}{\partial v}$$

4.10　1 次関数との合成関数の微分係数　関数 $z = f(x, y)$ は 2 回偏微分可能で，その偏導関数がすべて連続であるとする．a, b, h, k を定数とするとき，合成関数 $z(t) = f(a + ht, b + kt)$ の微分係数について，次が成り立つ．

(1) $z'(0) = f_x(a, b)h + f_y(a, b)k$

(2) $z''(0) = f_{xx}(a, b)h^2 + 2f_{xy}(a, b)hk + f_{yy}(a, b)k^2$

4.11　接平面の方程式　2 変数関数 $z = f(x, y)$ が 1 次関数 $z = A(x - a) + B(y - b) + f(a, b)$ に対して

$$\lim_{(x,y) \to (a,b)} \frac{f(x, y) - \{A(x - a) + B(y - b) + f(a, b)\}}{\sqrt{(x - a)^2 + (y - b)^2}} = 0$$

を満たすとき，$f(x, y)$ は点 (a, b) において**全微分可能**であるという．関数 $z = f(x, y)$ が点 (a, b) で全微分可能であるとき，曲面 $z = f(x, y)$ 上の点 $(a, b, f(a, b))$ における接平面の方程式は，次の式で表される．

$$z = f_x(a, b)(x - a) + f_y(a, b)(y - b) + f(a, b)$$

4.12　全微分　関数 $z = f(x, y)$ に対して，

$$dz = f_x(x, y)\, dx + f_y(x, y)\, dy \quad \text{または} \quad dz = \frac{\partial z}{\partial x}\, dx + \frac{\partial z}{\partial y}\, dy$$

を $z = f(x, y)$ の**全微分**という．

A

Q4.1　次の関数の定義域と値域を求めよ．

(1) $z = e^{1 - x^2 - y^2}$ 　　　(2) $z = -\sqrt{1 - x^2 - y^2}$ 　(3) $z = \log(1 - x^2 - y^2)$

Q4.2　次の関数で表される曲面はどのようなものか説明せよ．

(1) $z = 3x + y - 3$ 　　　(2) $z = 2\sqrt{1 - y^2}$ 　　　(3) $z = -\sqrt{9 - x^2 - y^2}$

Q4.3 次の極限値が存在するかどうかを調べよ．存在する場合は，その極限値を求めよ．

(1) $\displaystyle\lim_{(x,y)\to(0,0)}\frac{2xy}{x^2+y^2}$
(2) $\displaystyle\lim_{(x,y)\to(0,0)}\frac{x^3+y^3}{x^2+y^2}$

Q4.4 次の関数の偏導関数，および指定された点における偏微分係数を求めよ．

(1) $z=x^3+3x^2y+xy^2-y^3,\quad(2,-1)$
(2) $z=\sin 2x\cos y,\quad(\pi,0)$

(3) $z=e^{-3x}\cos 2y,\quad(0,0)$
(4) $z=e^{-x^2-y^2},\quad(1,0)$

Q4.5 次の関数の第2次偏導関数を求めよ．

(1) $f(x,y)=x^3y-xy^3$
(2) $f(x,y)=\sin 2x\cos 4y$

(3) $f(x,y)=\sqrt{x^2-y^2}$
(4) $z=\log\dfrac{x}{y}$

(5) $z=\sin(3x-y^2)$
(6) $z=e^{x^2+y^2}$

Q4.6 次の関数について，導関数 $\dfrac{dz}{dt}$ を求めよ．

(1) $z=x^2-y^2,\ x=t\cos t,\ y=t\sin t$

(2) $z=\log\dfrac{x}{y},\ x=e^t+e^{-t},\ y=e^t-e^{-t}$

Q4.7 次の関数について，偏導関数 $\dfrac{\partial z}{\partial u},\ \dfrac{\partial z}{\partial v}$ を求めよ．

(1) $z=\log(xy),\ x=u+v,\ y=u-v$

(2) $z=\sin(xy),\ x=u^2-v^2,\ y=2uv$

(3) $z=\dfrac{y}{x},\ x=2u+v,\ y=u-2v$

Q4.8 $f(x,y)=xy^3$ に対して，$z(t)=f(2t+5,-t+1)$ とするとき，$z'(0),\ z''(0)$ の値を求めよ．

Q4.9 次の曲面上の，指定された点における接平面の方程式を求めよ．

(1) $z=\dfrac{x^2}{4}+\dfrac{y^2}{9},\quad(2,3,2)$
(2) $z=e^{x+2y},\quad(0,0,1)$

(3) $z=\sqrt{6-x^2+y^2},\quad(1,2,3)$
(4) $z=\sin(x+y),\quad\left(\dfrac{\pi}{2},\dfrac{\pi}{2},0\right)$

Q4.10 次の関数 z の全微分 dz を求めよ．

(1) $z=x^2y-xy^2$
(2) $z=\sin 2x\cos 3y$

(3) $z=\log(x^2+y^2)$
(4) $z=\dfrac{x}{y}$

Q4.11 底面が 1 辺の長さ x [cm] の正方形で高さが h [cm] の直方体の体積を V [cm^3] とする．次の問いに答えよ．

(1) x, h がそれぞれ $\Delta x, \Delta h$ ずつ増加するとき，直方体の体積はおよそどれくらい増加するか．

(2) 底面の 1 辺の長さが 4 cm から 4.1 cm に，高さが 3 cm から 3.1 cm に増加するとき，直方体の体積はおよそどれくらい増加するか．

━━━━━ **B** ━━━━━

Q4.12 関数 $z = \dfrac{1}{1 - x^2 - y^2}$ の定義域と値域を求めよ．

Q4.13 関数 $f(x, y) = \dfrac{x^2 y}{x^4 + y^2}$ について，次の問いに答えよ．　→ まとめ 4.2, Q4.3

(1) 点 (x, y) を曲線 $y = x^2$ に沿って原点に近づけた場合の $f(x, y)$ の極限値を求めよ．

(2) 点 (x, y) を x 軸に沿って原点に近づけた場合の $f(x, y)$ の極限値を求めよ．

(3) $\displaystyle \lim_{(x, y) \to (0, 0)} \dfrac{x^2 y}{x^4 + y^2}$ が存在するかどうかを述べよ．

Q4.14 次の関数が原点 O$(0, 0)$ において連続であるかどうかを調べよ．

→ まとめ 4.3, Q4.3

(1) $f(x, y) = \begin{cases} \dfrac{x^2 - 3y^2}{x^2 + 2y^2} & (x, y) \neq (0, 0) \\ 0 & (x, y) = (0, 0) \end{cases}$

(2) $f(x, y) = \begin{cases} \dfrac{x^3}{x^2 + y^2} & (x, y) \neq (0, 0) \\ 0 & (x, y) = (0, 0) \end{cases}$

(3) $f(x, y) = \begin{cases} \dfrac{\sin(x^2 + y^2)}{x^2 + y^2} & (x, y) \neq (0, 0) \\ 1 & (x, y) = (0, 0) \end{cases}$

Q4.15 次の関数の点 $(1, 0)$ における偏微分係数を求めよ．　→ まとめ 4.4, 4.5, Q4.4

(1) $f(x, y) = \sin(x^2 + y)$ 　　　　　(2) $f(x, y) = \dfrac{2x - y}{x + 3y}$

Q4.16 次の関数の第 2 次までの偏導関数を求めよ．　→ まとめ 4.6, Q4.5

(1) $z = \dfrac{1}{\sqrt{x^2 + y^2}}$ 　　　(2) $z = x^y$ 　$(x > 0)$ 　　　(3) $z = \tan^{-1} \dfrac{y}{x}$

Q4.17 関数 $z = f(x,y)$, $x = r\cos\theta$, $y = r\sin\theta$ とするとき，次の各問いに答えよ.

→ まとめ 4.9, Q4.7

(1) $\dfrac{\partial z}{\partial r}$, $\dfrac{\partial z}{\partial \theta}$ を求めよ.

(2) (1) の結果をもとに，$\dfrac{\partial z}{\partial x}$, $\dfrac{\partial z}{\partial y}$ を r, θ, $\dfrac{\partial z}{\partial r}$, $\dfrac{\partial z}{\partial \theta}$ を用いて表せ.

(3) $\left(\dfrac{\partial z}{\partial x}\right)^2 + \left(\dfrac{\partial z}{\partial y}\right)^2$ を r, θ, $\dfrac{\partial z}{\partial r}$, $\dfrac{\partial z}{\partial \theta}$ を用いて表せ.

Q4.18 次の曲面上の，指定された点における接平面の方程式を求めよ. ただし，a, b は正の定数とする.

→ まとめ 4.11, Q4.9

(1) 曲面 $z = \sqrt{ax^2 + by^2}$, 点 $\left(1, 1, \sqrt{a+b}\right)$

(2) 曲面 $z = \tan^{-1}(xy)$, 点 $\left(1, 1, \dfrac{\pi}{4}\right)$

Q4.19 z は 2 つの 1 変数関数 f, g を用いて $z = f(x) + g(y)$ と表されている. また，x と y は s, t の関数であり，$x = s - ct$, $y = s + ct$ と定義されている. ただし，c は 0 でない定数である. このとき，次の各問いに答えよ.

→ まとめ 4.9, Q4.7

(1) $\dfrac{\partial z}{\partial s}$, $\dfrac{\partial z}{\partial t}$ を c, $f'(x) = \dfrac{df}{dx}$, $g'(y) = \dfrac{dg}{dy}$ を用いて表せ.

(2) $\dfrac{\partial^2 z}{\partial s^2} = \dfrac{1}{c^2}\dfrac{\partial^2 z}{\partial t^2}$ が成り立つことを示せ（この方程式を**波動方程式**という）.

Q4.20 $x = u^2 - v^2$, $y = 2uv$ とするとき，$z = f(x,y)$ に対して

$$(z_x)^2 + (z_y)^2 = \frac{1}{4(u^2 + v^2)}\{(z_u)^2 + (z_v)^2\}$$

が成り立つことを示せ.

→ まとめ 4.9, Q4.7

Q4.21 θ を定数とする. $x = u\cos\theta - v\sin\theta$, $y = u\sin\theta + v\cos\theta$ とするとき，$z = f(x,y)$ に対して

$$z_{xx} + z_{yy} = z_{uu} + z_{vv}$$

が成り立つことを示せ.

Q4.22 曲面 $z = \dfrac{1}{xy}$ 上の点 $\mathrm{P}(a, b, c)$ における接平面を S とする. ただし，$a > 0$, $b > 0$ とする. S と 3 つの座標平面で作られる四面体の体積が，点 P の座標によらず一定であることを示せ.

→ まとめ 4.11, Q4.9

Q4.23 次の関数の x の値が a から h だけ，y の値が b から k だけ増加するとき，z の値の増加量 Δz を全微分を用いて近似せよ.

→ まとめ 4.12, Q4.11

(1) $z = \dfrac{xy}{x^2 + y^2}$
(2) $z = xy\sqrt{x + y}$

━━━　　C　━━━━━━━━━━━━━━━

Q4.24　2 変数関数 $f(x, y)$ が $f_{xx} + f_{yy} = 0$ を満たすとき，$f(x, y)$ は**調和関数**であるという．次の関数が調和関数であるかどうか調べよ．

（類題：岐阜大学，名古屋工業大学）

(1) $f(x, y) = \log \sqrt{x^2 + y^2}$　　　　　　(2) $f(x, y) = e^x \cos y$

(3) $f(x, y) = \tan^{-1} \dfrac{x}{y}$

Q4.25　曲面上の点 P を通り，P における接平面と垂直な直線を，P における曲面の**法線**という．次の曲面上の点 P における接平面と法線の方程式を求めよ．

(1) 曲面 $z = y^x$ $(y > 0)$，　$P(2, e, e^2)$　　　　（類題：京都工芸繊維大学）

(2) 曲面 $z = \cos x + \cos y + \cos(x + y)$，　$P\left(\dfrac{\pi}{2}, \dfrac{\pi}{2}, -1\right)$　　（類題：東北大学）

(3) 曲面 $z = (x^2 + y^2)e^{x+y}$，　$P(1, 1, 2e^2)$　　（類題：筑波大学）

Q4.26　関数 $z = \dfrac{2x + 3y}{x - y}$ の全微分を求めよ．　（類題：横浜国立大学）

Q4.27　曲面 $z = \dfrac{x^2}{4} + \dfrac{y^2}{9}$ について次の各問いに答えよ．　（類題：長岡技術科学大学）

(1) この曲面上の点 (a, b, c) における接平面の方程式を求めよ．

(2) この接平面が点 $(0, 0, -1)$ を通るとき，c の値を求めよ．

5　　偏導関数の応用

━━━　**まとめ**　━━━━━━━━━━━━━

5.1　**極値**　2 変数関数 $f(x, y)$ について，点 (a, b) の近くの任意の点 (x, y) で

$$(x, y) \neq (a, b) \quad \text{ならば} \quad f(a, b) > f(x, y)$$

が成り立つとき，$f(x, y)$ は点 (a, b) で**極大**であるといい，$f(a, b)$ を**極大値**という．同様に，

$$(x, y) \neq (a, b) \quad \text{ならば} \quad f(a, b) < f(x, y)$$

が成り立つとき，$f(x, y)$ は点 (a, b) で**極小**であるといい，$f(a, b)$ を**極小値**という．極大値と極小値をあわせて**極値**という．

5.2 極値をとるための必要条件　関数 $z = f(x,y)$ が偏微分可能でその偏導関数が連続であるとき，$z = f(x,y)$ は，

$$f_x(a,b) = f_y(a,b) = 0$$

を満たす点 (a,b) で極値をとりうる.

5.3 極値の判定法　関数 $z = f(x,y)$ が $f_x(a,b) = f_y(a,b) = 0$ を満たすとき，$A = f_{xx}(a,b)$, $B = f_{xy}(a,b)$, $C = f_{yy}(a,b)$ とおけば，次が成り立つ.
(1) $H(a,b) = AC - B^2 > 0$ のとき,
   - $A > 0$ ならば，$z = f(x,y)$ は点 (a,b) で極小値をとる.
   - $A < 0$ ならば，$z = f(x,y)$ は点 (a,b) で極大値をとる.
(2) $H(a,b) = AC - B^2 < 0$ のとき，$z = f(x,y)$ は点 (a,b) で極値をとらない.
$H(a,b) = 0$ のときは，極値をとるかどうかは関数によって異なる.

5.4 陰関数の導関数　曲線 $f(x,y) = 0$ 上の点を (a,b) とする. $f_y(a,b) \neq 0$ ならば，点 (a,b) のまわりで陰関数 y が定まり，その導関数は次のようになる.

$$\frac{dy}{dx} = -\frac{f_x(x,y)}{f_y(x,y)}$$

5.5 ラグランジュの乗数法　条件 $g(x,y) = 0$ のもとで関数 $f(x,y)$ が極値をとるならば，その点では次が成り立つ.

$$\begin{cases} f_x(x,y) = \lambda g_x(x,y) \\ f_y(x,y) = \lambda g_y(x,y) \end{cases} \quad (\lambda \text{ は定数})$$

3 変数以上の場合も同様の定理が成り立つ.

A

Q5.1　次の関数の極値をとりうる点を求めよ.

(1) $z = x^2 - 4xy + 2y^2 - 8y$　　　　(2) $z = x^3 - 6xy + 3y^2$

Q5.2　次の関数の極値を求めよ.

(1) $z = x^2 + 2x + y^2 - 4y$　　　　(2) $z = x^3 - 3x + y^2$

(3) $z = -x^2 + 2xy - 3y^2 + 4y$　　　(4) $z = e^{x^2 + y^2}$

(5) $z = e^{x^2 - y^2}$　　　　　　　　(6) $z = x^3 - 3y^2 - 12x + 12y$

Q5.3 次の曲線について，$\dfrac{dy}{dx}$ を求めよ．また，与えられた曲線上の点における接線の方程式を求めよ．

(1) $x^4 + y^3 = 2, \quad (1, 1)$

(2) $\sqrt{x} + \sqrt{y} = 3, \quad (1, 4)$

(3) $x^2 + 2xy - y^2 + 4x = 0, \quad (2, -2)$

Q5.4 （　）内の条件のもとで，関数 $f(x, y)$ の極値をとりうる点を求めよ．また，その点で $z = f(x, y)$ が最大または最小となるかどうか調べよ．

(1) $f(x, y) = x^2 + y^2 \quad (x + 2y = 1)$

(2) $f(x, y) = (x + y)^2 \quad (xy = 1)$

(3) $f(x, y) = x^2 - 3xy + y^2 \quad (x^2 + y^2 = 1)$

B

Q5.5 m, n を 2 以上の整数とするとき，関数 $f(x, y) = x^m + y^n$ が極値をとるかどうかを調べよ． → まとめ 5.2

Q5.6 次の関数について，極値をとりうる点をすべて求めよ．また，これらの点で極値をとるかどうか判定せよ． → まとめ 5.3, Q5.2

(1) $z = -3xy^2 + 6xy - 3x + 24y + x^3 - 3$

(2) $z = (x^2 + y^2 - 2x + 2y + 2)e^{x+y}$

(3) $z = xy(3 - x - y)$ 　　　　　　(4) $z = x^4 + y^4 + 2x^2y + y^2$

Q5.7 次の方程式で表される x の関数 y について，$\dfrac{dy}{dx}$ を求めよ．

→ まとめ 5.4, Q5.3

(1) $x^2 + 3xy - y^2 = 0$ 　　　　　　(2) $xy = \log(x^2 + y^2)$

(3) $3x^2 - 4xy + 2y^2 + 6x - 8y + 5 = 0$ 　(4) $x^2 + 1 = y^4$

(5) $\sin x - \cos y = 1$ 　　　　　　(6) $e^{x+y} - x^2 - y^2 - 1 = 0$

例題 5.1

$y^2 - x^2 = 1$ によって定まる x の関数 y について，$\dfrac{d^2y}{dx^2}$ を y で表せ．

解 $g(x, y) = y^2 - x^2 - 1$ とすると，

$$\frac{dy}{dx} = -\frac{g_x}{g_y} = -\frac{-2x}{2y} = \frac{x}{y}$$

$$\frac{d^2y}{dx^2} = \frac{y - x\dfrac{dy}{dx}}{y^2} = \frac{y - x \cdot \dfrac{x}{y}}{y^2} = \frac{y^2 - x^2}{y^3}$$

となる. $y^2 - x^2 = 1$ より, $\dfrac{d^2y}{dx^2} = \dfrac{1}{y^3}$ である.

Q5.8 次の方程式から定まる x の関数 y について, $\dfrac{d^2y}{dx^2}$ を y で表せ.

(1) $y^2 = 4x$　　　　　　　　　　(2) $x^2 + 4y^2 = 4$

Q5.9 方程式 $g(x, y) = 0$ によって, y を x の関数とみることができるとき, $\dfrac{d^2y}{dx^2}$ を求めよ. ただし, $g_y(x, y) \neq 0$ とする.

例題 5.2

曲線 $f(x, y) = 0$ において, $f_x(x, y) = f_y(x, y) = 0$ となる点を**特異点**という. 曲線 $y^2 = x^2(x + 1)$ の特異点を求めよ.

解 $f(x, y) = x^2(x + 1) - y^2$ とおく. $f_x = f_y = 0$ とすると, 連立方程式 $\begin{cases} x(3x + 2) = 0 \\ -2y = 0 \end{cases}$ を得る. これを解いて, $(x, y) = (0, 0), \left(-\dfrac{2}{3}, 0\right)$ となる. $f(0, 0) = 0$, $f\left(-\dfrac{2}{3}, 0\right) = \dfrac{4}{27} \neq 0$ より, $(0, 0)$ は曲線上の点であるが, $\left(-\dfrac{2}{3}, 0\right)$ は曲線上の点ではない. したがって, 特異点は $(0, 0)$ である.

Q5.10 次の曲線の特異点を求めよ.

(1) $y^2 = (x - 1)^3$　　　　　　　(2) $x^3 + y^3 = 3xy$

- -

Q5.11 平面上に 3 点 A(x_1, y_1), B(x_2, y_2), C(x_3, y_3) をとるとき, $\mathrm{PA}^2 + \mathrm{PB}^2 + \mathrm{PC}^2$ を最小にする点 P の座標を求めよ. 　　　　　→ **まとめ** 5.3, Q5.2

Q5.12 条件 $x + y + z = 2$ (ただし, $x > 0$, $y > 0$, $z > 0$) のもとで, 関数 $f(x, y, z) = xyz$ の最大値を求めよ. 　　　　　→ **まとめ** 5.5, Q5.4

Q5.13 体積が一定の円筒形の容器を作る. 側面の材質と上面および底面の材質が異なっており, $1\,\mathrm{cm}^2$ あたりの質量 (面積密度) は側面が $3\,\mathrm{g/cm^2}$, 上面および底面は $5\,\mathrm{g/cm^2}$ であるという. もっとも軽く作るにはどうすればよいか述べよ. ただし, 円筒形の質量は, 極値をとるとき最小となる. 　　　　　→ **まとめ** 5.5, Q5.4

Q5.14 体積が一定の直円錐のうちで，もっとも表面積が小さいものを求めよ．ただし，直円錐の表面積は，極値をとるとき最小となる．　　　　　**→ まとめ 5.5, Q5.4**

Q5.15 半径 r の円に内接する四角形の中で，4 辺の長さの和が最大値をとるときの四角形の形を求めよ．ただし，4 辺の長さの和は，極値をとるとき最大になる．　　　　　**→ まとめ 5.5, Q5.4**

Q5.16 条件 $x + 4y + 9z = 3$ および $x > 0$, $y > 0$, $z > 0$ のもとで，関数 $f(x, y, z)$ $= \dfrac{1}{x} + \dfrac{1}{y} + \dfrac{1}{z} + 1$ の極値を求めよ．　　　　　**→ まとめ 5.5, Q5.4**

━━━━━ C ━━━━━

Q5.17 $f(x, y) = x^2 - x^4 - y^2$ の領域 D: $x^2 + y^2 \leqq 4$ における最大値と最小値を求めよ．　　　　　　　（類題：名古屋工業大学）

Q5.18 次の関数の極値を求めよ．
(1) $z = xy(x^2 + 4y^2 - 1)$　　　　　　　　　（類題：東京工業大学）
(2) $z = ye^{-x^2 - y^2}$　　　　　　　　　　　　（類題：埼玉大学）
(3) $z = x^3 + y^3 + 6xy + 1$　　　　　　　　　（類題：筑波大学）
(4) $z = y^2 + 2y \sin x + \cos^2 x$　　　　　　（類題：埼玉大学）
(5) $z = x^4 + 8x^2y^2 + y^4 - 8y^2$　　　　　　（類題：名古屋工業大学）

4

2重積分

6　2重積分

まとめ

6.1　2重積分　領域 D を小領域 D_k $(k = 1, 2, \ldots, n)$ に分割し，D_k 内に任意の点 (x_k, y_k) をとる．D_k の面積を ΔS_k とするとき，関数 $f(x, y)$ の領域 D における **2重積分**を次のように定める．

$$\int_D f(x, y)\, dS = \lim_{n \to \infty} \sum_{k=1}^{n} f(x_k, y_k) \Delta S_k$$

ただし，$n \to \infty$ のとき，各小領域は限りなく小さくなるものとする．

6.2　2重積分の性質 I　k を定数とするとき，次のことが成り立つ．

(1) $\displaystyle \int_D k f(x, y)\, dS = k \int_D f(x, y)\, dS$

(2) $\displaystyle \int_D \{f(x, y) \pm g(x, y)\}\, dS = \int_D f(x, y)\, dS \pm \int_D g(x, y)\, dS$ （複号同順）

6.3　2重積分の性質 II

(1) 領域 D が，境界線以外に共通部分をもたない 2 つの領域 D_1, D_2 に分解されるとき，次のことが成り立つ．

$$\int_D f(x, y)\, dS = \int_{D_1} f(x, y)\, dS + \int_{D_2} f(x, y)\, dS$$

(2) 領域 D で $f(x, y) \geqq 0$ であれば，$\displaystyle \int_D f(x, y)\, dS \geqq 0$ である．

(3) 2 つの領域 D, $\widetilde{D}$ $(D \subset \widetilde{D})$ において，$\widetilde{D}$ で $f(x, y) \geqq 0$ ならば，次のことが成り立つ．

$$\int_D f(x, y)\, dS \leqq \int_{\widetilde{D}} f(x, y)\, dS$$

6.4 累次積分による 2 重積分の計算 関数 $f(x, y)$ が領域 D で連続であるとき，$f(x, y)$ の D における 2 重積分を $\displaystyle\iint_{\mathrm{D}} f(x, y)\, dxdy$ と表す．2 重積分は次のようにして計算することができる．

(1) $\mathrm{D} = \{(x, y)\,|\, a \le x \le b,\ \varphi_1(x) \le y \le \varphi_2(x)\}$ のとき，

$$\iint_{\mathrm{D}} f(x, y)\, dxdy = \int_a^b \left\{ \int_{\varphi_1(x)}^{\varphi_2(x)} f(x, y)\, dy \right\} dx$$

(2) $\mathrm{D} = \{(x, y)\,|\, c \le y \le d,\ \psi_1(y) \le x \le \psi_2(y)\}$ のとき，

$$\iint_{\mathrm{D}} f(x, y)\, dxdy = \int_c^d \left\{ \int_{\psi_1(y)}^{\psi_2(y)} f(x, y)\, dx \right\} dy$$

6.5 ヤコビ行列式 変数変換 $x = x(u, v), y = y(u, v)$ に対して，

$$J = \begin{vmatrix} \dfrac{\partial x}{\partial u} & \dfrac{\partial x}{\partial v} \\[2mm] \dfrac{\partial y}{\partial u} & \dfrac{\partial y}{\partial v} \end{vmatrix}$$

を，この変数変換のヤコビ行列式またはヤコビアンという．

6.6 変数変換と 2 重積分 変数変換 $x = x(u, v), y = y(u, v)$ によって xy 平面の領域 D が uv 平面の領域 D' に対応しているとする．この変数変換のヤコビ行列式を J とするとき，D 上の 2 重積分について次が成り立つ．

$$\iint_{\mathrm{D}} f(x, y)\, dxdy = \iint_{\mathrm{D}'} f(x(u, v), y(u, v))\, |J|\, dudv$$

6.7 極座標による 2 重積分の計算 極座標への変換 $x = r\cos\theta,\ y = r\sin\theta$ について，xy 平面の領域 D が $r\theta$ 平面の領域 D' に対応するとき，次が成り立つ．

$$\iint_{\mathrm{D}} f(x, y)\, dxdy = \iint_{\mathrm{D}'} f(r\cos\theta, r\sin\theta)\, r\, drd\theta$$

6.8 重心の座標 xy 平面の領域 D の表す図形の重心の座標 $(\bar{x}, \bar{y})$ は，次のようになる．ここで，A は領域 D の面積である．

$$\bar{x} = \frac{1}{A} \int_{\mathrm{D}} x\, dS, \quad \bar{y} = \frac{1}{A} \int_{\mathrm{D}} y\, dS \quad \left(\text{ただし，}\ A = \int_{\mathrm{D}} dS \right)$$

A

Q6.1 次の 2 重積分を求めよ.

(1) $\displaystyle\iint_D (3x^2 - xy)\, dx\, dy, \quad D = \{(x,y)\,|\, 0 \leq x \leq 1,\ 0 \leq y \leq 3\}$

(2) $\displaystyle\iint_D (x+y)^3\, dx\, dy, \qquad D = \{(x,y)\,|\, -1 \leq x \leq 1,\ -1 \leq y \leq 1\}$

(3) $\displaystyle\iint_D \sin(2x-y)\, dx\, dy, \quad D = \left\{(x,y)\,\middle|\, -\dfrac{\pi}{3} \leq x \leq \dfrac{\pi}{3},\ 0 \leq y \leq \dfrac{\pi}{2}\right\}$

(4) $\displaystyle\iint_D e^{x-y}\, dx\, dy, \qquad D = \{(x,y)\,|\, 0 \leq x \leq 1,\ -1 \leq y \leq 0\}$

Q6.2 積分領域を図示し, 次の 2 重積分を求めよ.

(1) $\displaystyle\iint_D (x+y)\, dx\, dy, \quad D = \{(x,y)\,|\, 0 \leq x \leq 3,\ 0 \leq y \leq 3-x\}$

(2) $\displaystyle\iint_D (2x+y)\, dx\, dy, \quad D = \left\{(x,y)\,\middle|\, 0 \leq y \leq 1,\ 0 \leq x \leq \dfrac{1-y}{2}\right\}$

(3) $\displaystyle\iint_D y\, dx\, dy, \qquad D = \left\{(x,y)\,\middle|\, 0 \leq x \leq \dfrac{\pi}{2},\ 0 \leq y \leq \sin x\right\}$

(4) $\displaystyle\iint_D y\, dx\, dy, \qquad D = \left\{(x,y)\,\middle|\, 1 \leq y \leq 4,\ 0 \leq x \leq \sqrt{y}\right\}$

Q6.3 次の累次積分の積分順序を変更せよ.

(1) $\displaystyle\int_1^3 \left\{\int_{-1}^1 f(x,y)\, dx\right\} dy$ 　　　　(2) $\displaystyle\int_0^2 \left\{\int_0^{x^2} f(x,y)\, dy\right\} dx$

(3) $\displaystyle\int_1^3 \left\{\int_3^{2x+1} f(x,y)\, dy\right\} dx$ 　　(4) $\displaystyle\int_0^1 \left\{\int_{-y}^0 f(x,y)\, dx\right\} dy$

Q6.4 次の 2 重積分を求めよ.

$$\iint_D (x+y)^2(y-x)\, dx\, dy, \quad D = \{(x,y)\,|\, 0 \leq x+y \leq 1,\ 0 \leq y-x \leq 1\}$$

Q6.5 極座標を用いて, 次の 2 重積分を求めよ.

(1) $\displaystyle\iint_D \sqrt{x^2+y^2}\, dx\, dy, \qquad D = \left\{(x,y)\,\middle|\, x^2+y^2 \leq 9,\ y \geq 0\right\}$

(2) $\displaystyle\iint_D x^3\, dx\, dy, \qquad D = \left\{(x,y)\,\middle|\, x^2+y^2 \leq 4,\ x \geq 0,\ y \geq 0\right\}$

(3) $\displaystyle\iint_D \dfrac{1}{x^2+y^2+1}\, dx\, dy, \quad D = \left\{(x,y)\,\middle|\, x^2+y^2 \leq 1,\ 0 \leq y \leq x\right\}$

Q6.6 次の立体の体積を求めよ.

(1) 平面 $x = 1$, $y = 2$, 曲面 $z = x^2$, および xy 平面, yz 平面, zx 平面で囲まれた立体

(2) 5 つの平面 $y = 0$, $y = x$, $x = 1$, $z = x + y$, $z = 0$ によって囲まれた立体

(3) 2 つの平面 $z = x + 1$, $z = 0$ と円柱 $x^2 + y^2 = 1$ によって囲まれた立体

(4) 曲面 $z = 4 - x^2 - y^2$ と平面 $z = 0$ とで囲まれた立体

Q6.7 次の領域 D の表す図形の重心の座標を求めよ.

(1) $\mathrm{D} = \{(x, y) \,|\, 0 \leqq y \leqq 2x,\ 0 \leqq x \leqq 3\}$

(2) $\mathrm{D} = \left\{(x, y) \,\middle|\, y^2 \leqq x \leqq 1\right\}$

B

例題 6.1

a を正の定数とする. 積分領域を $\mathrm{D} = \left\{(x, y) \,\middle|\, (x - a)^2 + y^2 \leqq a^2\right\}$ とするとき, 2 重積分 $\displaystyle\iint_{\mathrm{D}} x \, dx \, dy$ の値を, 極座標に変換して求めよ.

解 $(x - a)^2 + y^2 \leqq a^2$ より, $x^2 + y^2 \leqq 2ax$ となるので, 極座標に変換すると, $r^2 \leqq 2ar\cos\theta$ より, $r \leqq 2a\cos\theta$ を得る. また, 下の左図より, θ の範囲は $-\dfrac{\pi}{2} \leqq \theta \leqq \dfrac{\pi}{2}$ となる. このことから, xy 平面の領域 D に対応する $r\theta$ 平面の領域を D' とすると,

$$\mathrm{D}' = \left\{(r, \theta) \,\middle|\, 0 \leqq r \leqq 2a\cos\theta,\ -\frac{\pi}{2} \leqq \theta \leqq \frac{\pi}{2}\right\}$$

となる.

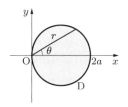 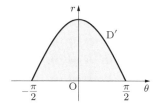

したがって,

$$\iint_{\mathrm{D}} x \, dx \, dy = \iint_{\mathrm{D}'} r\cos\theta \cdot r \, dr \, d\theta = \int_{-\frac{\pi}{2}}^{\frac{\pi}{2}} \left\{ \int_{0}^{2a\cos\theta} r^2 \cos\theta \, dr \right\} d\theta$$

$$= \int_{-\frac{\pi}{2}}^{\frac{\pi}{2}} \frac{8}{3} a^3 \cos^4\theta \, d\theta = \frac{8}{3} a^3 \cdot \frac{3\pi}{8} = \pi a^3$$

となる.

Q6.8 次の 2 重積分を求めよ.

(1) $\displaystyle\iint_D x^2 \, dx \, dy$, $D = \{(x,y) \mid x^2 + y^2 \leqq x \}$

(2) $\displaystyle\iint_D y \, dx \, dy$, $D = \{(x,y) \mid x^2 + y^2 \leqq 2y \}$

(3) $\displaystyle\iint_D xy \, dx \, dy$, $D = \{(x,y) \mid x^2 + y^2 \leqq 2x, \ y \geqq 0 \}$

- -

Q6.9 次の 2 重積分を求めよ. → **まとめ** 6.4, 6.6, 6.7, Q6.2, Q6.4, Q6.5

(1) $\displaystyle\iint_D y \, dx \, dy$, $D = \{(x,y) \mid x^2 \leqq y \leqq x + 6 \}$

(2) $\displaystyle\iint_D (3x + 2y) \, dx \, dy$, D は $A(0,0)$, $B(3,0)$, $C(1,2)$ を頂点とする三角形 ABC の内部

(3) $\displaystyle\iint_D \frac{1}{\sqrt{x^2 + y^2}} \, dx \, dy$, $D = \{(x,y) \mid 1 \leqq x^2 + y^2 \leqq 2x \}$

(4) $\displaystyle\iint_D e^{x+y} \, dx \, dy$, $D = \{(x,y) \mid |x| + |y| \leqq 1 \}$

(5) $\displaystyle\iint_D (x+y)^8 (x-y)^8 \, dx \, dy$, $D = \{(x,y) \mid x + y \leqq 1, \ x \geqq 0, \ y \geqq 0 \}$

Q6.10 次の 2 重積分を, [ ] 内に与えられた変数変換を用いて求めよ.

→ **まとめ** 6.3, 6.4

$$\iint_D x^2 \, dx \, dy, \quad D = \left\{(x,y) \ \middle| \ \frac{x^2}{4} + y^2 \leqq 1 \right\} \qquad [x = 2r\cos\theta, \ y = r\sin\theta]$$

Q6.11 積分順序を変更して次の累次積分を求めよ. → Q6.3

(1) $\displaystyle\int_0^{2\sqrt{\pi}} \left\{ \int_{\frac{y}{2}}^{\sqrt{\pi}} \sin x^2 \, dx \right\} dy$ (2) $\displaystyle\int_0^1 \left\{ \int_{\sin^{-1} y}^{\frac{\pi}{2}} \frac{1}{\cos x + 2} \, dx \right\} dy$

Q6.12 球 $x^2 + y^2 + z^2 \leqq 1$ と円柱 $x^2 + y^2 \leqq \dfrac{1}{4}$ との共通部分の $z \geqq 0$ の部分の体積を求めよ.

→ Q6.6

Q6.13 a を正の定数とする.

半球の内部 $x^2 + y^2 + z^2 \leqq a^2$, $z \geqq 0$ と円柱の内部
$x^2 + y^2 \leqq ax$, $z \geqq 0$ の共通部分のうち, $y \geqq 0$ の
部分の体積を求めよ.   → **Q6.6**

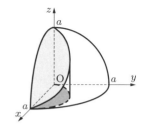

Q6.14 円柱 $x^2 + y^2 = ax$ $(a > 0)$ と 2 つの平面
$z = bx$, $z = cx$ $(b > c)$ とで囲まれた部分の体積
を求めよ.   → **Q6.6**

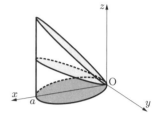

例題 6.2

空間の領域 D で連続な 3 変数関数 $f(x, y, z)$ に対して, 3 重積分

$$\iiint_D f(x, y, z)\, dx\, dy\, dz$$

が 2 重積分と同様に定義される. 計算も 2 重積分と同様に累次積分で求められる.

3 重積分

$$\iiint_D 12x^2 yz\, dx\, dy\, dz,$$
$$D = \{(x, y, z) \mid 1 \leqq x \leqq 2,\ 1 \leqq y \leqq x,\ 2 \leqq z \leqq x + y\}$$

を求めよ.

解 累次積分でかくと,

$$\iiint_D 12x^2 yz\, dx\, dy\, dz = \int_1^2 \left\{ \int_1^x \left(\int_2^{x+y} 12x^2 yz\, dz \right) dy \right\} dx$$

となる. これを計算すると,

$$\iiint_D 12x^2 yz\, dx\, dy\, dz = \int_1^2 \left\{ \int_1^x \left[6x^2 yz^2 \right]_2^{x+y} dy \right\} dx$$
$$= \int_1^2 \left\{ \int_1^x (6x^4 y + 12x^3 y^2 + 6x^2 y^3 - 24x^2 y)\, dy \right\} dx$$

$$= \int_1^2 \left(\frac{17}{2}x^6 - 15x^4 - 4x^3 + \frac{21}{2}x^2 \right) dx = \frac{495}{7}$$

Q6.15　3重積分

$$\iiint_D x\, dx\, dy\, dz,$$
$$D = \{(x, y, z) \mid x + y + z \leqq 1,\ x \geqq 0,\ y \geqq 0,\ z \geqq 0\}$$

を求めよ.

例題 6.3

　右図のように, 原点 O と点 P(x, y, z) との距離を r, 線分 OP と z 軸の正の方向とのなす角を θ $(0 \leqq \theta \leqq \pi)$, 点 P から xy 平面に下ろした垂線と xy 平面の交点を Q, 線分 OQ と x 軸の正の方向とのなす角を φ $(0 \leqq \varphi \leqq 2\pi)$ とする. このとき,

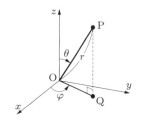

$$x = r\sin\theta\cos\varphi, \quad y = r\sin\theta\sin\varphi, \quad z = r\cos\theta$$

となる. (r, θ, φ) を **極座標**（**球座標**）という. 次の問いに答えよ.

(1) 3変数の変数変換 $x = x(u, v, w),\ y = y(u, v, w),\ z = z(u, v, w)$ に対して, ヤコビ行列式は
$\begin{vmatrix} x_u & x_v & x_w \\ y_u & y_v & y_w \\ z_u & z_v & z_w \end{vmatrix}$
と定義される.

　上の変換のヤコビ行列式を求めよ.

(2) 3重積分においても, 変数変換 $x = x(u, v, w),\ y = y(u, v, w),\ z = z(u, v, w)$ によって, xyz 空間の領域 D が uvw 空間の領域 D′ に対応しているとき, この変数変換のヤコビ行列式を J とすると,

$$\iiint_D f(x, y, z)\, dx\, dy\, dz = \iiint_{D'} f(x(u, v, w), y(u, v, w), z(u, v, w))|J|\, du\, dv\, dw$$

が成り立つ.

　このことを使って, $\displaystyle\iiint_D \sqrt{x^2 + y^2 + z^2}\, dx\, dy\, dz,\ D = \{(x, y, z) \mid x^2 + y^2 + z^2 \leqq 1\}$ を求めよ.

解　(1) $\begin{vmatrix} x_r & x_\theta & x_\varphi \\ y_r & y_\theta & y_\varphi \\ z_r & z_\theta & z_\varphi \end{vmatrix} = \begin{vmatrix} \sin\theta\cos\varphi & r\cos\theta\cos\varphi & -r\sin\theta\sin\varphi \\ \sin\theta\sin\varphi & r\cos\theta\sin\varphi & r\sin\theta\cos\varphi \\ \cos\theta & -r\sin\theta & 0 \end{vmatrix} = r^2\sin\theta$

(2) 極座標に変換すると，積分領域は

$D' = \{(r,\theta,\varphi)\,|:0 \leqq \theta \leqq \pi,\ 0 \leqq \varphi \leqq 2\pi,\ 0 \leqq r \leqq 1\}$ であるから，

$$\iiint_D \sqrt{x^2+y^2+z^2}\,dxdydz = \iiint_{D'} r \cdot \left| r^2\sin\theta \right| dr\,d\theta\,d\varphi$$

$$= \int_0^{2\pi} \left\{ \int_0^\pi \left(\int_0^1 r^3\sin\theta\,dr \right) d\theta \right\} d\varphi$$

$$= \int_0^{2\pi} \left\{ \int_0^\pi \frac{1}{4}\sin\theta\,d\theta \right\} d\varphi = \int_0^{2\pi} \frac{1}{2}\,d\varphi = \pi$$

Q6.16　下図のように，点 P(x,y,z) に対して，P から xy 平面に垂直に下ろした垂線と xy 平面の交点を Q，線分 OQ の長さを r，OQ と x 軸の正の方向とのなす角を θ $(0 \leqq \theta \leqq 2\pi)$ とするとき，(r,θ,t) を

$$x = r\cos\theta, \quad y = r\sin\theta, \quad z = t$$

と定め，これを**円柱座標**とよぶ．次の各問いに答えよ．

(1) この変換のヤコビ行列式を求めよ．

(2) 立体 D $= \left\{(x,y,z)\,\big|\,x^2+y^2 \leqq z \leqq 1\right\}$ の体積は 3 重積分 $\displaystyle\iiint_D dx\,dy\,dz$ で求められる．この体積を円柱座標を用いて求めよ．

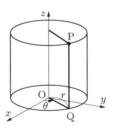

Q6.17　領域 D $= \left\{(x,y)\,\big|\,x^2+y^2 \leqq 4,\ x^2+y^2 \geqq 2x\right\}$ の表す図形の重心の座標を求めよ．　　　　　　　　　　　　　　　　　　**→ まとめ 6.7, 6.8, Q6.7**

Q6.18 $a > 0$ とするとき，下の図形 D の重心 G の座標を求めよ．

→ まとめ 6.8, Q6.8

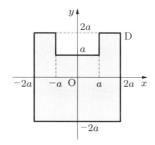

Q6.19 単位面積あたりの密度が定数 ρ である平面図形 D を xy 平面上においたとき，D の z 軸のまわりの慣性モーメントは $I = \iint_D \rho \cdot (x^2 + y^2)\, dx\, dy$ で与えられる．また，D の質量は $M = \iint_D \rho\, dx\, dy$ で求められる．このことを用いて，D が次のそれぞれの図形の場合，D の z 軸のまわりの慣性モーメント I，質量 M に対して，与えられた等式が成り立つことを示せ．ただし，a, b は正の数とする．

→ まとめ 6.8, Q6.7

(1) $D = \{(x, y)|\ x^2 + y^2 \le a^2\}$ のとき，$I = \dfrac{1}{2} M a^2$

(2) $D = \{(x, y)|\ -a \le x \le a,\ -b \le y \le b\}$ のとき，$I = \dfrac{1}{3} M(a^2 + b^2)$

Q6.20 xy 平面の $y > 0$ の領域にある図形 D の面積を A，重心を $G(\overline{x}, \overline{y})$ とする．D を x 軸のまわりに回転させてできる回転体の体積を V とするとき，$V = 2\pi \overline{y} A$ が成り立つ．これを **パップス・ギュルダンの定理** という．

区間 $[a, b]$ で $0 \le g(x) \le f(x)$ であるとき，$D = \{(x, y)|a \le x \le b,\ g(x) \le y \le f(x)\}$ に対して，パップス・ギュルダンの定理が成り立つことを示せ．

→ まとめ 6.8, Q6.7

C

Q6.21 次の 2 重積分を求めよ．

(1) $\displaystyle\iint_D (6 - x - y)\, dx\, dy$ $D = \{(x, y)\ |\ x + y \le 3,\ 0 \le x \le 1,\ 0 \le y\}$

（類題：筑波大学）

(2) $\displaystyle\iint_D dx\, dy$ $D = \left\{(x, y)\ |\ \sqrt[3]{x} + \sqrt[3]{y} \le 1,\ 0 \le x,\ 0 \le y\right\}$ （類題：静岡大学）

(3) $\displaystyle\iint_D e^{\frac{y}{x}}\,dx\,dy \quad D = \left\{(x,y)\mid 1 \le x \le 2,\ 0 \le y \le x^2\right\}$

（類題：京都工芸繊維大学）

Q6.22 次の累次積分を積分順序を変更することによって求めよ.

$$\int_0^1 \left\{\int_x^1 e^{y^2}\,dy\right\}dx$$

（類題：東京農工大学）

Q6.23 2 変数関数 $f(x,y) = x^2 - y^2$ について，次の各問いに答えよ.

（類題：九州大学）

(1) $f(x,y) \ge 0$ となる領域を図示せよ.

(2) 曲面 $z = f(x,y)$，平面 $z = 0$，および曲面 $x^2 + y^2 = 4$ で囲まれる立体の $z \ge 0$ の部分の体積を求めよ.

Q6.24 $D = \left\{(x,y)\ \middle|\ \dfrac{x^2}{4} + \dfrac{y^2}{9} \le 1,\ x \ge 0,\ y \ge 0\right\}$ 上の 2 重積分

$$I = \iint_D y(x^2 + y^2)\,dx\,dy$$

を，変数変換 $x = 2r\cos\theta,\ y = 3r\sin\theta$ によって求めよ. （類題：筑波大学）

5

微分方程式

---

7 1階微分方程式

まとめ

7.1 微分方程式 関数 $y = f(x)$ において，（高次）導関数を含む方程式を微分方程式という．微分方程式に含まれる導関数の最大の次数が n のとき，その方程式を n 階微分方程式という．

7.2 微分方程式の解 微分方程式を満たす関数 y をその微分方程式の解という．n 階微分方程式の解が n 個の任意定数を含むとき，これを微分方程式の**一般解**という．任意定数に特定の値を代入して得られる解を**特殊解**という．

7.3 変数分離形 $y' = f(x)g(y)$ の形に表される微分方程式を変数分離形という．変数分離形は，$g(y) \neq 0$ のとき，$\dfrac{1}{g(y)} dy = f(x)dx$ の形に変形して，両辺を積分することにより一般解を求めることができる．

7.4 1階線形微分方程式 $y' + p(x)y = r(x)$ の形の微分方程式を**1階線形微分方程式**という．とくに，$r(x) = 0$ となるものを**斉次1階線形微分方程式**といい，$r(x) \neq 0$ となるものを**非斉次1階線形微分方程式**という．

7.5 非斉次1階線形微分方程式の一般解 非斉次1階線形微分方程式

$$y' + p(x)y = r(x) \qquad \cdots\cdots ①$$

の補助方程式 $y' + p(x)y = 0$ の一般解を $y = Cf(x)$（C は任意定数），①の1つの解を $y = \varphi(x)$ とすると，①の一般解は $y = Cf(x) + \varphi(x)$ である．

7.6 定数変化法による非斉次1階線形微分方程式の解 非斉次1階線形微分方程式 $y' + p(x)y = r(x)$ の解は，次のようにして求められる．

(i) 補助方程式 $y' + p(x)y = 0$ の一般解 $y = Cf(x)$ を求める．

(ii) (i) の定数 C を関数 $u(x)$ に置き換えて $y = u(x)f(x)$ とおき，これが $y' + p(x)y = r(x)$ の解になるような $u(x)$ を求める．

このような解法を**定数変化法**という．

A

Q7.1 （　）内の関数が，与えられた微分方程式の解であることを確かめよ．ここで，A, B, C は定数である．

(1) $y' = y^2$ $\left(y = -\dfrac{1}{x+C}\right)$ 　　　　(2) $xy' + y = 4x^3$ $\left(y = \dfrac{C}{x} + x^3\right)$

(3) $y'' - y' - 2y = 0$ $\left(y = Ae^{2x} + Be^{-x}\right)$

(4) $y'' + 4y = -4\sin 2x$ $\left(y = A\cos 2x + B\sin 2x + x\cos 2x\right)$

Q7.2 次の微分方程式の一般解，および（　）内の初期条件を満たす特殊解を求めよ．

(1) $y' = \sin 2x$ $(y(0) = 1)$ 　　　　(2) $y' = x\log x$ $(y(1) = 0)$

(3) $y'' = 6x^2$ $(y(0) = -2, \ y'(0) = 5)$

(4) $y'' = e^{-x}$ $(y(0) = -3, \ y'(0) = 1)$

Q7.3 右図のように表されている勾配の場を表す微分方程式を a～d の中から選べ．また，図に指定された点 ● を通る解曲線をかけ．

a. $y' = x - 1$ 　　　　b. $y' = y - 1$

c. $y' = 1 - x$ 　　　　d. $y' = 1 - y$

Q7.4 次の微分方程式の一般解を求めよ．

(1) $x^3 y' - y^2 = 0$ 　　　　(2) $y' + xe^y = 0$

(3) $y'\sin x + y\cos x = 0$ 　　　　(4) $y' = e^{x+y}$

(5) $y' = (1 + 2x)(1 + y^2)$ 　　　　(6) $2xyy' + y^2 + 1 = 0$

Q7.5 次の微分方程式の一般解を求めよ．また，（　）内の初期条件を満たす特殊解を求めよ．

(1) $y' = 2y^2 x$ $(y(0) = -1)$ 　　　　(2) $y' = y(\cos x + 1)$ $(y(0) = 2)$

Q7.6 球形をした風船に毎秒 $A\,[\mathrm{m}^3]$ の空気を送り込む．風船が球形を保ったまま膨らむとし，空気を送り始めて t 秒後の風船の半径を $r\,[\mathrm{m}]$ とすると，微分方程式

$$A = 4\pi r^2 \frac{dr}{dt}$$

が成り立つ．次の問いに答えよ．

(1) この微分方程式の一般解を求めよ．

(2) ▦ $A = 0.2$, $r(0) = 1$ として，4π 秒後の半径 [m] を小数第 2 位まで求めよ．

Q7.7 次の定数係数斉次 1 階線形微分方程式の一般解を求めよ．

(1) $y' + y = 0$ 　　　　(2) $y' - 2y = 0$ 　　　　(3) $5y' - y = 0$

Q7.8 次の斉次 1 階線形微分方程式を解け．

(1) $xy' + y = 0$ 　　　　(2) $x(x-1)y' + y = 0$

Q7.9 次の微分方程式の1つの解を ( ) 内の関数と予想して，一般解を求めよ．

(1) $y' + 2y = 2x + 3$ $(y = ax + b)$ (2) $y' - y = e^{3x}$ $(y = ae^{3x})$

(3) $y' + y = 2\sin x$ $(y = a\sin x + b\cos x)$

Q7.10 次の微分方程式を解け．

(1) $y' + 2y = x$ (2) $y' - 2y = e^{3x}$

(3) $xy' - y = x^2$ (4) $xy' + y = e^x$

Q7.11 200℃ に熱した金属球を室温 25℃ の部屋に放置するとき，t 分後の金属球の温度 $y\,[℃]$ は，微分方程式

$$y' = -k(y - 25) \quad (k \text{ は正の定数})$$

を満たす．次の問いに答えよ．

(1) この微分方程式の一般解を求めよ．

(2) 初期条件 $y(0) = 200$ を満たす特殊解を求めよ．

(3) (2) の初期条件のもとで，10 分後に金属球の温度が 50℃ となった．比例定数 k を求めよ．

B

Q7.12 ( ) 内の関数は，与えられた微分方程式の解であることを示せ． → Q7.1

(1) $(x^2 + 1)y' + y^2 + 1 = 0$ $\left(y = \dfrac{1 - x}{1 + x}\right)$

(2) $xy' + y = \sin x$ $\left(y = -\dfrac{\cos x}{x}\right)$

(3) $y'' - 2y' + 10y = 0$ $(y = e^x \sin 3x)$

(4) $yy'' + (y')^2 + 1 = 0$ $(y = \sqrt{1 - x^2})$

例題 7.1

次の方程式から任意定数 A, B, C を消去して，微分方程式を作れ．

(1) $y = \dfrac{C}{x}$ (2) $y = Ae^x + Be^{3x}$

解 (1) $y = \dfrac{C}{x}$，$y' = -\dfrac{C}{x^2}$ から C を消去すれば，$\dfrac{y}{y'} = -x$ となるので，$y = -xy'$

(2) $y = Ae^x + Be^{3x}$，$y' = Ae^x + 3Be^{3x}$，$y'' = Ae^x + 9Be^{3x}$ から A, B を消去すると，$4(y - y') = y - y''$ となるので，$y'' - 4y' + 3y = 0$

Q7.13 次の方程式から任意定数 A, B, C を消去して，微分方程式を作れ．

(1) $y = x + Cx^2$ (2) $x^2 + y^2 - 2Cx = 0$

(3) $y = Ax + Bx^2$ (4) $y = A\cos(x + B)$

- -

Q7.14 次の微分方程式の一般解を求めよ． → まとめ 7.3, Q7.4

(1) $(1 + x^3)y' + 3x^2(y - 1) = 0$ (2) $y' = \tan x \tan y$

(3) $y'\sin^2 x \sin y + \cos x \cos^2 y = 0$ (4) $y' + 2y\cos 2x = 0$

(5) $xyy' = y^2 + 1$ (6) $(1 + e^x)y' = y$

Q7.15 次の線形微分方程式の一般解を定数変化法により求めよ．

→ まとめ 7.6, Q7.10

(1) $xy' + y = \log x$ (2) $xy' - 2y = x^4 e^x$

(3) $y' + 2y\tan x = \sin x$ (4) $y' + y\cos x = e^{-\sin x}$

Q7.16 1 階線形微分方程式 $y' + P(x)y = Q(x)$ の一般解は，

$$y = e^{-\int P dx}\left(\int Q(x)e^{\int P dx}\, dx + C\right) \quad (C \text{ は任意定数})$$

で与えられることを証明せよ． → まとめ 7.6, Q7.10

例題 7.2

$\dfrac{dy}{dx} = f\left(\dfrac{y}{x}\right)$ とかくことができる微分方程式を**同次形**という．同次形は，

$\dfrac{y}{x} = u$ とおくと変数分離形に変形できる．

微分方程式 $(x + y)y' = x - y$ の一般解を求めよ．

- -

（解） 与式は $\dfrac{dy}{dx} = \dfrac{x - y}{x + y}$ であるから，$\dfrac{dy}{dx} = \dfrac{1 - \dfrac{y}{x}}{1 + \dfrac{y}{x}}$ と変形できる．$\dfrac{y}{x} = u$ とおく

と，$y = xu$ であるから $\dfrac{dy}{dx} = u + x\dfrac{du}{dx}$ である．したがって，与えられた微分方程式は

$$u + x\frac{du}{dx} = \frac{1 - u}{1 + u}$$

$$x\frac{du}{dx} = -\frac{u^2 + 2u - 1}{u + 1}$$

$$\int \frac{u + 1}{u^2 + 2u - 1}\, du = -\int \frac{1}{x}\, dx$$

$$\log |u^2 + 2u - 1| = -\log x^2 + C_1 \quad (C_1 \text{ は任意定数})$$

$$x^2(u^2 + 2u - 1) = \pm e^{C_1}$$

となる．$\pm e^{C_1} = C$ とおき，$u = \dfrac{y}{x}$ を代入して整理すると，一般解 $y^2 + 2xy - x^2 = C$（C は任意定数）を得る．

Q7.17 次の同次形の微分方程式の一般解を求めよ．

(1) $xy' = x + 2y$

(2) $xyy' = x^2 + y^2$

(3) $\dfrac{dy}{dx} = \dfrac{y^2}{xy - x^2}$

(4) $\dfrac{dy}{dx} = \dfrac{x^2 + 2xy - 4y^2}{x^2 - 8xy - 4y^2}$

例題 7.3

$y' = (y - x)^2$ を $y - x = u$ とおいて変数分離形に直すことにより，一般解を求めよ．

（解） $y - x = u$ とおくと $y' - 1 = u'$ であるから，与えられた微分方程式は変数分離形 $u' = u^2 - 1$ となる．したがって，$\displaystyle\int \dfrac{1}{u^2 - 1} du = \int dx$ となるので，

$\dfrac{1}{2} \log \left| \dfrac{u - 1}{u + 1} \right| = x + C_1$ （C_1 は任意定数）である．これより，$\dfrac{u - 1}{u + 1} = \pm e^{2C_1} e^{2x}$

となるから，$\pm e^{2C_1} = C$ とおいて u について解くことにより，$u = \dfrac{1 + Ce^{2x}}{1 - Ce^{2x}}$ を得る．

$u = y - x$ であるから，求める一般解は $y = x + \dfrac{1 + Ce^{2x}}{1 - Ce^{2x}}$ （C は任意定数）である．

Q7.18 次の微分方程式を，（　）内のように変数を置き換えて解け．

(1) $y' = (x + y)^2$ 　$(x + y = u)$

(2) $y' = \dfrac{x - y}{x - y + 2}$ 　$(x - y = u)$

(3) $2x^2 y' = 1 + x^2 y^2$ 　$(xy = u)$

(4) $e^y y' = x + e^y - 1$ 　$(x + e^y = u)$

例題 7.4

$y' + P(x)y = Q(x)y^n$ （$n \neq 0, \ n \neq 1$）の形の微分方程式を**ベルヌーイの微分方程式**という．この形の微分方程式は，$z = \dfrac{1}{y^{n-1}}$ とおくと 1 階線形微分方程式に変換される．このことを用いて，微分方程式 $y' + y = xy^2$ を解け．

（解） $z = \dfrac{1}{y}$ とおくと $z' = -\dfrac{y'}{y^2}$ である．与えられた微分方程式の両辺に $-\dfrac{1}{y^2}$ をかけると，$-\dfrac{y'}{y^2} - \dfrac{1}{y} = -x$ であるから，この微分方程式は 1 階線形微分方程式 $z' - z = -x$ に変

換できる．これを解くと $z = Ce^x + x + 1$ であるから，求める一般解は $y = \dfrac{1}{Ce^x + x + 1}$
（C は任意定数）となる．

Q7.19 次のベルヌーイの微分方程式を解け．

(1) $y' + \dfrac{1}{x}y = x^2 y^2$

(2) $2x^2 y' - 2xy = y^3$

(3) $y' - \dfrac{1}{x+1}y - y^2 = 0$

(4) $3xy' + y = y^4 \log x$

例題 7.5

微分方程式 $P(x,y) + Q(x,y)\dfrac{dy}{dx} = 0$ を

$$P(x,y)\,dx + Q(x,y)\,dy = 0$$

の形で表すことがある．この形の微分方程式を**全微分方程式**という．全微分方程式
$P(x,y)dx + Q(x,y)dy = 0$ に対して

$$\frac{\partial f}{\partial x} = P(x,y), \quad \frac{\partial f}{\partial y} = Q(x,y)$$

となる 2 変数関数 $f(x,y)$ が存在するとき，この全微分方程式は**完全微分形である**
といい，一般解は $f(x,y) = C$（C は任意定数）となる．次の問いに答えよ．

(1) 全微分方程式 $P\,dx + Q\,dy = 0$ が完全微分形となる必要十分条件は，
$\dfrac{\partial P}{\partial y} = \dfrac{\partial Q}{\partial x}$ であることを示せ．

(2) 全微分方程式 $(2x+y)dx + (x+2y)dy = 0$ が完全微分形であることを示して，
その一般解を求めよ．

解　(1) $P\,dx + Q\,dy = 0$ が完全微分形であるとすると，$\dfrac{\partial f}{\partial x} = P$, $\dfrac{\partial f}{\partial y} = Q$ を満たす
$f(x,y)$ が存在するので，$\dfrac{\partial P}{\partial y} = \dfrac{\partial^2 f}{\partial y \partial x} = \dfrac{\partial^2 f}{\partial x \partial y} = \dfrac{\partial Q}{\partial x}$ となる．逆に，$\dfrac{\partial P}{\partial y} = \dfrac{\partial Q}{\partial x}$
であれば，

$$\frac{\partial}{\partial x}\left(Q - \frac{\partial}{\partial y}\int P\,dx \right) = \frac{\partial Q}{\partial x} - \frac{\partial P}{\partial y} = 0$$

なので，$Q - \dfrac{\partial}{\partial y}\displaystyle\int P\,dx$ は y のみの関数となる．

$f = \displaystyle\int P\,dx + \int\left(Q - \frac{\partial}{\partial y}\int P\,dx \right)dy$ とすると，

$$\frac{\partial f}{\partial x} = P, \quad \frac{\partial f}{\partial y} = \frac{\partial}{\partial y}\int P\,dx + Q - \frac{\partial}{\partial y}\int P\,dx = Q$$

となるので，$P\,dx + Q\,dy = 0$ は完全微分形である．

(2) $P = 2x + y$, $Q = x + 2y$ とおくと，$\dfrac{\partial P}{\partial y} = 1$, $\dfrac{\partial Q}{\partial x} = 1$ であるから，$\dfrac{\partial P}{\partial y} = \dfrac{\partial Q}{\partial x}$

が成り立つ．したがって，この微分方程式は完全微分形である．

次に，$\dfrac{\partial f}{\partial x} = P$, $\dfrac{\partial f}{\partial y} = Q$ となるような2変数関数 $f(x,y)$ を求める．$\dfrac{\partial f}{\partial x} = 2x + y$ と

すると，x で積分して $f = \displaystyle\int (2x+y)\,dx = x^2 + xy + h(y)$ となり，この式を y で偏微分

すると $\dfrac{\partial f}{\partial y} = x + h'(y)$ となる．一方，$\dfrac{\partial f}{\partial y} = Q = x + 2y$ であるから $x + h'(y) = x + 2y$

となり，$h'(y) = 2y$ である．したがって，$h(y) = y^2 + C_1$（C_1 は任意定数）となるから，

$f = x^2 + xy + y^2 + C_1$ である．$-C_1 = C$ として，求める一般解は $x^2 + xy + y^2 = C$

（C は任意定数）となる．

Q7.20 次の全微分方程式が完全微分形であることを示して，その一般解を求めよ．

(1) $(x^2 + y^2)\,dx + 2xy\,dy = 0$

(2) $(ye^{xy} - 2xy)\,dx + (xe^{xy} - x^2 + 6y)\,dy = 0$

(3) $(8x - 3y + 2)\,dx + (-3x + 4y + 2)\,dy = 0$

(4) $(\cos y + y\cos x)dx + (\sin x - x\sin y)dy = 0$

Q7.21 次の微分方程式の，(　) 内に与えられた初期条件を満たす特殊解を求めよ．

→ Q7.3, Q7.8

(1) $x(1-y)y' + (1+x)y = 0$ $\quad(y(1) = 1)$

(2) $1 - xy' = x^2 y'$ $\quad\quad\quad\quad\ (y(1) = 0)$

(3) $(x-y)y' + x + y = 0$ $\quad\ (y(1) = 0)$

(4) $3x^2 yy' = 2xy^2 - x^3$ $\quad (y(1) = 1)$

(5) $y' - \dfrac{1}{x}y = x^3$ $\quad\quad\quad (y(1) = 1)$

例題 7.6

右図のように，ある曲線上の任意の点 $\mathrm{P}(x,y)$ における
法線と x 軸との交点を Q とする．線分 PQ が，つねに y
軸により2等分されるとき，この曲線の方程式を求めよ．

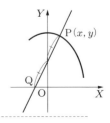

解 座標軸を X 軸，Y 軸として考えると，点 $\mathrm{P}(x,y)$ における法線の方程式は

$$Y = -\frac{1}{y'}(X - x) + y$$

と表される．X 軸との交点の座標は，$Y = 0$ とすることにより $\mathrm{Q}(x + yy', 0)$ となる．線分 PQ が Y 軸により 2 等分されるので，$\dfrac{x + (x + yy')}{2} = 0$ となるから，$2x + yy' = 0$ という微分方程式が成り立っている．これは変数分離形であるから，変数を分離して積分すると $\displaystyle\int 2x\,dx + \int y\,dy = 0$ である．したがって，求める曲線の方程式は $x^2 + \dfrac{y^2}{2} = C$ （C は正の任意定数）となり，楕円である．

✚

Q7.22 右図のような，ある曲線上の任意の点 $\mathrm{P}(x,y)$ における接線が，その点と原点を結ぶ直線と直交するような曲線の方程式を求めよ．

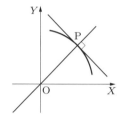

Q7.23 右図のように，ある曲線上の任意の点 $\mathrm{P}(x,y)$ における接線と x 軸との交点を Q とし，点 P から x 軸に下ろした垂線と x 軸との交点を H とする．線分 QH の長さが定数 k $(k > 0)$ であるとき，この曲線の方程式を求めよ．

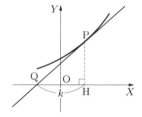

Q7.24 空中を落下する質量 m の物体に，速度 v の 2 乗に比例する抵抗がはたらいているとする．真上の向きを正の方向として，次の問いに答えよ．

→ まとめ 7.3, Q7.11

(1) 抵抗の比例定数を p，重力加速度を g，時刻を表す変数を t として，この物体の速度 v についての運動方程式を作れ．ただし，$p > 0$, $g > 0$ とする．

(2) $p = 1$ とするとき，時刻 t におけるこの物体の速度を求めよ．

(3) $t \to \infty$ のときの速度 v の極限値を求めよ．

━━━━━ **C** ━━━━━━━━━━━━━━━━━━━━━━━━━━━━━━

Q7.25 次の各問いに答えよ. (類題：長岡技術科学大学)

(1) 微分方程式 $y' = \dfrac{y}{x^2}$ の一般解を求めよ.

(2) (1) で求めた一般解を表す曲線上の任意の点において，この曲線の接線と垂直な接線をもつ曲線を考える．その曲線を解曲線とする微分方程式を求めよ.

(3) (2) の微分方程式の一般解を求めよ.

Q7.26 次の各問いに答えよ. (類題：東京大学)

(1) 微分方程式 $2x - y = (x + y)\dfrac{dy}{dx}$ を解け.

(2) $\begin{cases} 2u - v = 6x - 3y - 2 \\ u + v = 3x + 3y - 1 \end{cases}$ を満たす u, v を求めよ.

(3) (1), (2) を使って，微分方程式 $6x - 3y - 2 = (3x + 3y - 1)\dfrac{dy}{dx}$ の解を求めよ.

Q7.27 y は x の関数であるとする．微分方程式 $y' - y = e^x \cos x$ について，次の各問いに答えよ. (類題：岐阜大学)

(1) 初期条件 $y(0) = -1$ を満たす解を求めよ.

(2) (1) で求めた解 $y(x)$ の $0 \leqq x \leqq \pi$ における最大値および最小値を求めよ.

Q7.28 曲線上の点 P における法線が y 軸と交わる点を Q とする．線分 PQ の長さがつねに点 Q の y 座標に等しいとき，この曲線が満たす微分方程式を求めよ．また，その微分方程式を解いて曲線の方程式を求めよ. (類題：大阪大学)

Q7.29 微分方程式 $y' + (2x - 1)y - y^2 = x^2 - x + 1$ について，次の問いに答えよ. (類題：東京大学)

(1) $u = y - x$ として，u についての微分方程式に変形せよ.

(2) (1) の微分方程式の解を求めよ.

(3) もとの微分方程式の解のうち，初期条件 $y(0) = 1$ を満たすものを求めよ.

Q7.30 y は x の関数であるとする．微分方程式 $x^2 y' + 2xy = -\sin x \ (x \neq 0)$ の特殊解のうち，極限 $\lim\limits_{x \to 0} y(x)$ が有限な値となるものを求めよ．また，そのときの極限値 $\lim\limits_{x \to 0} y(x)$ を求めよ. (類題：岐阜大学)

8　　2 階微分方程式

■■■　まとめ　■■■

8.1　線形独立な関数　2 つの関数 $f(x)$, $g(x)$ に対して，$af(x) + bg(x) = 0$ となる定数が $a = b = 0$ だけであるとき，$f(x)$, $g(x)$ は**線形独立**であるという.

8.2　斉次 2 階線形微分方程式の一般解　$y'' + p(x)y' + q(x)y = 0$ の形の 2 階微分方程式を**斉次 2 階線形微分方程式**という. $y = f(x)$, $y = g(x)$ が $y'' + p(x)y' + q(x)y = 0$ の線形独立な 2 つの解であれば，この微分方程式の一般解は，次のように与えられる.

$$y = Af(x) + Bg(x) \quad (A, B は任意定数)$$

8.3　ロンスキー行列式　2 つの関数 $f(x)$, $g(x)$ に対して

$$W(f(x), g(x)) = \begin{vmatrix} f(x) & g(x) \\ f'(x) & g'(x) \end{vmatrix}$$

とするとき，$W(f(x), g(x)) \neq 0$ となる x があれば，$f(x)$ と $g(x)$ は線形独立である. 関数 $W(f(x), g(x))$ を $f(x), g(x)$ の**ロンスキー行列式**または**ロンスキアン**という.

8.4　定数係数斉次 2 階線形微分方程式の一般解　p, q を定数として，

$$y'' + py' + qy = 0 \qquad \cdots\cdots ①$$

の形で表される微分方程式を**定数係数斉次 2 階線形微分方程式**といい，2 次方程式

$$\lambda^2 + p\lambda + q = 0 \qquad \cdots\cdots ②$$

を ① の**特性方程式**という. ① の一般解は ② の解の種類によって，次のようになる. ここで，A, B は任意定数である.

(1) 2 つの異なる実数解 α, β をもつとき，$y = Ae^{\alpha x} + Be^{\beta x}$

(2) 2 重解 α をもつとき，$y = e^{\alpha x}(Ax + B)$

(3) 虚数解 $\alpha \pm i\omega$ (α, ω は実数) をもつとき，$y = e^{\alpha x}(A\cos\omega x + B\sin\omega x)$

8.5 非斉次 2 階線形微分方程式の一般解　$r(x) \neq 0$ とするとき,

$$y'' + p(x)y' + q(x)y = r(x) \qquad \cdots\cdots ①$$

の形の微分方程式を非斉次 2 階線形微分方程式といい,

$$y'' + p(x)y' + q(x)y = 0 \qquad \cdots\cdots ②$$

をその補助方程式という. ②の一般解を $y = Af(x) + Bg(x)$, ①の 1 つの解を $y = \varphi(x)$ とするとき, ①の一般解は次のように与えられる.

$$y = Af(x) + Bg(x) + \varphi(x) \quad (A, B \text{ は任意定数})$$

8.6 定数係数非斉次 2 階線形微分方程式の 1 つの解　定数係数非斉次 2 階線形微分方程式 $y'' + py' + qy = r(x)$ の 1 つの解 $\varphi(x)$ は, $r(x)$ の形によって次のように予想する.

(ⅰ) $r(x)$ が多項式の場合, $\varphi(x)$ を $r(x)$ と同じ次数の多項式.

(ⅱ) $r(x) = e^{\mu x}$ の場合

　① $e^{\mu x}$ が補助方程式 $y'' + py' + qy = 0$ の一般解に含まれないとき, $\varphi(x) = ae^{\mu x}$.

　② $e^{\mu x}$ が補助方程式の一般解に含まれ, $xe^{\mu x}$ が含まれないとき, $\varphi(x) = axe^{\mu x}$.

　③ $e^{\mu x}$, $xe^{\mu x}$ がともに補助方程式の一般解に含まれるとき, $\varphi(x) = ax^2 e^{\mu x}$.

(ⅲ) $r(x) = k\cos\mu x + l\sin\mu x$ の場合

　① $A\cos\mu x + B\sin\mu x$ が補助方程式の一般解でないとき, $\varphi(x) = a\cos\mu x + b\sin\mu x$.

　② $A\cos\mu x + B\sin\mu x$ が補助方程式の一般解のとき, $\varphi(x) = ax\cos\mu x + bx\sin\mu x$.

A

Q8.1　次の 2 つの関数が線形独立であることを確かめよ.

　(1) $\sin x,\ \sin 2x$　　　　　　　　(2) $x^2,\ x^3$

　(3) $\cos x,\ x\cos x$　　　　　　　(4) $e^{-2x},\ xe^{-2x}$

Q8.2　次の微分方程式の一般解を求めよ.

　(1) $y'' + 2y' - 3y = 0$　　　　　　(2) $y'' - 5y' = 0$

　(3) $y'' + 4y' + 4y = 0$　　　　　　(4) $y'' - 2\sqrt{3}y' + 3y = 0$

　(5) $y'' + 16y = 0$　　　　　　　　(6) $y'' + 2y' + 2y = 0$

Q8.3　次の微分方程式の, (　) 内の条件を満たす特殊解を求めよ.

　(1) $y'' - 5y' + 6y = 0$　$(y(0) = 0,\ y'(0) = 2)$

　(2) $y'' + 6y' + 9y = 0$　$(y(0) = -1,\ y'(0) = 5)$

Q8.4 非斉次線形微分方程式 $y'' - 4y = 16e^{2x}$ について，次の問いに答えよ．

(1) 補助方程式 $y'' - 4y = 0$ の一般解を求めよ．

(2) $y = (4x - 1)e^{2x}$ は $y'' - 4y = 16e^{2x}$ の 1 つの解であることを示せ．

(3) $y'' - 4y = 16e^{2x}$ の一般解を求めよ．

Q8.5 次の微分方程式の一般解を求めよ．

(1) $y'' - 3y' + 2y = x$

(2) $y'' - 3y' - 4y = -8x^2 + 1$

(3) $y'' - 3y' + 2y = e^{3x}$

(4) $y'' - 2y' - 3y = 4e^{-x}$

(5) $y'' + y' - 2y = -5\sin x$

(6) $y'' - 2y' + y = \cos x$

B

Q8.6 次の微分方程式の一般解を求めよ．　　　　　　→ まとめ 8.6, Q8.5

(1) $y'' - 8y' + 16y = e^{4x}$

(2) $y'' + y = \sin x$

Q8.7 次の微分方程式の (　) 内の条件を満たす特殊解を求めよ．

→ まとめ 8.6, Q8.5, Q8.6

(1) $y'' - 5y' + 4y = 8x^2 - 8x + 5$ $(y(0) = 4,\ y'(0) = 0)$

(2) $y'' - 4y' + 13y = 3e^{2x}$ $(y(0) = 1,\ y'(0) = 2)$

(3) $y'' - 6y' + 9y = 4e^{3x}$ $(y(0) = 2,\ y'(0) = 3)$

(4) $y'' + 4y = 6\cos x$ $\left(y(0) = 3,\ y\left(\dfrac{\pi}{4}\right) = 0\right)$

例題 8.1

(1) 斉次線形微分方程式 $y'' + P(x)y' + Q(x)y = 0 \cdots ①$ の線形独立な解を $y_1(x),\ y_2(x)$ とするとき

$$u_1 = \int \frac{-y_2 R}{W(y_1, y_2)}\, dx, \quad u_2 = \int \frac{y_1 R}{W(y_1, y_2)}\, dx$$

とおくと，$y_P = u_1 y_1 + u_2 y_2$ は線形微分方程式 $y'' + P(x)y' + Q(x)y = R(x) \cdots ②$ の 1 つの解となることを示せ．ただし，$W(y_1, y_2)$ は $y_1,\ y_2$ のロンスキー行列式である．

(2) (1) を利用して，微分方程式 $y'' + y = \dfrac{1}{\cos x}$ の一般解を求めよ．

解 (1) 1 つの解であることを示すには，y_P が②を満たすことを示せばよい．

$$W(y_1, y_2) = y_1 y_2' - y_1' y_2$$

$$y'_{\mathrm{P}} = -y'_1 \int \frac{y_2 R}{W}\, dx - y_1 \cdot \frac{y_2 R}{W} + y'_2 \int \frac{y_1 R}{W}\, dx + y_2 \frac{y_1 R}{W}$$

$$= -y'_1 \int \frac{y_2 R}{W}\, dx + y'_2 \int \frac{y_1 R}{W}\, dx$$

$$y''_{\mathrm{P}} = -y''_1 \int \frac{y_2 R}{W}\, dx - y'_1 \cdot \frac{y_2 R}{W} + y''_2 \int \frac{y_1 R}{W}\, dx + y'_2 \cdot \frac{y_1 R}{W}$$

$$= -y''_1 \int \frac{y_2 R}{W}\, dx + y''_2 \int \frac{y_1 R}{W}\, dx + \frac{(y_1 y'_2 - y'_1 y_2)R}{W}$$

$$= -y''_1 \int \frac{y_2 R}{W}\, dx + y''_2 \int \frac{y_1 R}{W}\, dx + R$$

これらを②に代入すると，線形独立な解 y_1, y_2 は①を満たすことから

$$y''_{\mathrm{P}} + Py'_{\mathrm{P}} + Qy_{\mathrm{P}} = -(y''_1 + Py'_1 + Qy_1) \int \frac{y_2 R}{W}\, dx$$

$$+ (y''_2 + Py'_2 + Qy_2) \int \frac{y_1 R}{W}\, dx + R = R$$

となるので，y_{P} は②の 1 つの解である．

(2) 補助方程式 $y'' + y = 0$ の線形独立な解は $\cos x, \sin x$ であり，$W(\cos x, \sin x) = 1$ である．

$$u_1 = \int \frac{-\sin x \cdot \dfrac{1}{\cos x}}{1}\, dx = \log|\cos x| + C, \quad u_2 = \int \frac{\cos x \cdot \dfrac{1}{\cos x}}{1}\, dx = x + C$$

であるから，$y_{\mathrm{P}} = \cos x \log|\cos x| + x \sin x$ はこの方程式の 1 つの解である．したがって，求める一般解は $y = A\cos x + B\sin x + x\sin x + \cos x \log|\cos x|$ （A, B は任意定数）である．

Q8.8 次の微分方程式の一般解を求めよ．

(1) $y'' + 2y' + y = \dfrac{e^{-x}}{x}$ 　　　　　　(2) $y'' + 3y' + 2y = \dfrac{1}{1 + e^x}$

例題 8.2

$y'' + P(x)y' + Q(x)y = 0$ の 1 つの解 y_1 がわかるときは，

$$y'' + P(x)y' + Q(x)y = R(x) \qquad \cdots\cdots①$$

の一般解は次のようにして求められる．

(i) $y = uy_1$ として①に代入する．

（ⅱ）$u' = p$ とおくと，p に関する 1 階線形微分方程式が得られる.

（ⅲ）それを解けば，一般解は $y = uy_1$ を計算することで求められる.

　微分方程式 $2x^2y'' + xy' - y = 0$ が $y = x$ を解にもつことを示し，以上の方法により一般解を求めよ.

（解）　$2x^2(x)'' + x(x)' - x = x - x = 0$ より，$y = x$ は 1 つの解になる. $y = ux$ とおくと，$y' = u'x + u, y'' = u''x + 2u'$ であるから，代入して $2xu'' + 5u' = 0$ を得る. ここで，$u' = p$ とおくと，$u'' = p'$ であるから，$\dfrac{dp}{dx} + \dfrac{5}{2x}p = 0$ となるので，$p = u' = Cx^{-\frac{5}{2}}$（$C$ は任意定数）が得られる. したがって，$u = -\dfrac{2}{3}Cx^{-\frac{3}{2}} + B$ となるから，$-\dfrac{2}{3}C = A$ とおくことにより，求める一般解は $y = \dfrac{A}{\sqrt{x}} + Bx$（$A, B$ は任意定数）である.

-- ✚

Q8.9　（　）内の関数が与えられた微分方程式の 1 つの解であることを示して，次の微分方程式の一般解を求めよ.

　(1) $x^2y'' - xy' + y = 0$　　(x)　　　　　(2) $xy'' + (x-1)y' - y = 0$　(e^{-x})

Q8.10　次の微分方程式は，$y = x^m$ の形の解をもつ. x^m が解になるような m の値を求めて一般解を求めよ.　　　　　　　　　　　　　　　　　→ **まとめ 8.2**

　(1) $x^2y'' - xy' - 8y = 0$　　　　　　　　(2) $x^2y'' - 7xy' + 16y = 0$

例題 8.3 ─────────────────────────────

　2 階微分方程式が線形ではないときは，次のように $y' = p$ とおいて p に関する 1 階微分方程式に直すことで解を求められる場合がある.

（ⅰ）y の項を含まず x, y', y'' だけからなる式のときは，$y' = p$ とおくと x, p の 1 階微分方程式に直すことができる.

（ⅱ）x の項を含まず y, y', y'' だけからなる式のときは，$y' = p$ とおくと，

$$y'' = \frac{dp}{dx} = \frac{dp}{dy} \cdot \frac{dy}{dx} = p\frac{dp}{dy}$$

であることから，p, y の 1 階微分方程式に直すことができる.

　このことを利用して，$y' = p$ とおいて次の微分方程式を解け.

(1) $xy'' = \sqrt{1 + (y')^2}$　　　　　　　　(2) $y'' + (y')^2 = 0$

（解）　(1) この方程式は y を含まないタイプである. $y' = p$ とおくと $y'' = p'$ であるから，与えられた微分方程式は $xp' = \sqrt{1 + p^2}$ となる. これは，$\dfrac{dp}{\sqrt{1 + p^2}} = \dfrac{dx}{x}$ と変

数を分離できる．両辺を積分して変形すると，$p + \sqrt{1+p^2} = Ax$ を得る．これより，

$\sqrt{1+p^2} = Ax - p$ であるから，$p = y' = \dfrac{A}{2}x - \dfrac{1}{2Ax}$ が得られる．これを積分して，

求める一般解は $y = \dfrac{A}{4}x^2 - \dfrac{1}{2A}\log|x| + B$（$A$, B は任意定数）である．

(2) この方程式は x を含まないタイプである．$y' = p$ とおくと $y'' = p' = p\dfrac{dp}{dy}$ であるか

ら，与えられた微分方程式は $p\dfrac{dp}{dy} + p^2 = 0$ となる．これより，$p = 0, \dfrac{dp}{dy} + p = 0$ とな

る．$p = 0$ のときは $y = C$（定数）である．$\dfrac{dp}{dy} + p = 0$ のときは，$\dfrac{1}{p}dp + dy = 0$ として

解くと，$p = y' = Ae^{-y}$ を得る．したがって，$e^y dy = Adx$ と変数を分離できるから，両

辺を積分して $e^y = Ax + B$ となり，$y = \log|Ax + B|$ である．$y = C$ という解は $A = 0$

の場合に含まれるから，求める一般解は $y = \log|Ax + B|$（A, B は任意定数）である．

Q8.11 $y' = p$ とおいて，次の微分方程式の一般解を求めよ．

(1) $xy'' = 2y'$ (2) $xy'' + y' = 4x$

(3) $y'' = 1 + (y')^2$ (4) $3yy'' + (y')^2 = 0$

例題 8.4

2 つの関数 $x = x(t)$, $y = y(t)$ についての微分方程式を連立させたものを**連立微分方程式**という．

連立微分方程式 $\begin{cases} \dfrac{dx}{dt} = x + 4y \\ \dfrac{dy}{dt} = x + y \end{cases}$ の解を求めよ．

- - - - - - - - - -

解 $\dfrac{dx}{dt}, \dfrac{dy}{dt}$ をそれぞれ x', y' と略記する．

第 2 式より，$x = y' - y$ となるので，両辺を微分して $x' = y'' - y'$ を得る．これらを第 1 式に代入して整理すると，$y'' - 2y' - 3y = 0$ となる．これより，$y = Ae^{-t} + Be^{3t}$ となるので，$y' = -Ae^{-t} + 3Be^{3t}$ とあわせて，$x = -2Ae^{-t} + 2Be^{3t}$ を得る．したがって，求める解は $\begin{cases} x = -2Ae^{-t} + 2Be^{3t} \\ y = Ae^{-t} + Be^{3t} \end{cases}$（$A$, B は任意定数）となる．

別解 この連立微分方程式は，行列を使って $\begin{pmatrix} x' \\ y' \end{pmatrix} = \begin{pmatrix} 1 & 4 \\ 1 & 1 \end{pmatrix}\begin{pmatrix} x \\ y \end{pmatrix}$ とかくことが

できる．ここで，$\begin{pmatrix} x' \\ y' \end{pmatrix} = \dfrac{d}{dt}\begin{pmatrix} x \\ y \end{pmatrix}$ とかく．$T = \begin{pmatrix} 1 & 4 \\ 1 & 1 \end{pmatrix}$ の固有値と固有ベクトル

を求めることにより, $P = \begin{pmatrix} 2 & 2 \\ -1 & 1 \end{pmatrix}$ とすると, T は $P^{-1}TP = \begin{pmatrix} -1 & 0 \\ 0 & 3 \end{pmatrix}$ と対角化

できる. $\begin{pmatrix} u \\ v \end{pmatrix} = P^{-1} \begin{pmatrix} x \\ y \end{pmatrix}$ とおくと,

$$\begin{pmatrix} x \\ y \end{pmatrix} = P \begin{pmatrix} u \\ v \end{pmatrix} \qquad \cdots\cdots ①$$

$$\frac{d}{dt} \begin{pmatrix} x \\ y \end{pmatrix} = \frac{d}{dt} P \begin{pmatrix} u \\ v \end{pmatrix} = \frac{d}{dt} \begin{pmatrix} 2u + 2v \\ -u + v \end{pmatrix} = \begin{pmatrix} 2u' + 2v' \\ -u' + v' \end{pmatrix} = P \begin{pmatrix} u' \\ v' \end{pmatrix}$$
$$\cdots\cdots ②$$

となる. ①, ②を $\begin{pmatrix} x' \\ y' \end{pmatrix} = T \begin{pmatrix} x \\ y \end{pmatrix}$ に代入すると, $P \begin{pmatrix} u' \\ v' \end{pmatrix} = TP \begin{pmatrix} u \\ v \end{pmatrix}$ より,

$$\begin{pmatrix} u' \\ v' \end{pmatrix} = P^{-1}TP \begin{pmatrix} u \\ v \end{pmatrix} = \begin{pmatrix} -1 & 0 \\ 0 & 3 \end{pmatrix} \begin{pmatrix} u \\ v \end{pmatrix} = \begin{pmatrix} -u \\ 3v \end{pmatrix}$$

を得る. $\begin{cases} u' = -u \\ v' = 3v \end{cases}$ を解くと, $\begin{cases} u = Ae^{-t} \\ v = Be^{3t} \end{cases}$ となることから,

$$\begin{pmatrix} x \\ y \end{pmatrix} = P \begin{pmatrix} u \\ v \end{pmatrix} = \begin{pmatrix} 2 & 2 \\ -1 & 1 \end{pmatrix} \begin{pmatrix} Ae^{-t} \\ Be^{3t} \end{pmatrix}$$

となる. よって, 求める解は $\begin{cases} x = 2Ae^{-t} + 2Be^{3t} \\ y = -Ae^{-t} + Be^{3t} \end{cases}$ (A, B は任意定数) である.

[note]　別解で $-A$ を改めて A とおくと, はじめに得た解と同じものになる.

Q8.12　次の連立微分方程式の, (　) 内に与えられた条件を満たす解を求めよ.

(1) $\begin{cases} \dfrac{dx}{dt} = -2y - \cos t \\ \dfrac{dy}{dt} = x - \sin t \end{cases}$ $\qquad (x(0) = 1,\ y(0) = -1)$

(2) $\begin{cases} \dfrac{dx}{dt} = -2x + y \\ \dfrac{dy}{dt} = -4x + 3y + 3e^{-t} \end{cases}$ $\qquad (x(0) = 1,\ y(0) = 0)$

―― ―― **C** ―― ――――――――――

Q8.13 微分方程式 $\dfrac{d^2y}{dx^2} + a\dfrac{dy}{dx} + by = 0$ について，次の各問いに答えよ.

（類題：長岡技術科学大学）

(1) $y = e^{kx}\cos\omega x$ $(\omega \neq 0)$ がこの微分方程式の解となるための条件を求めよ.

(2) $y = e^{-3x}\cos 2x$ がこの微分方程式の解となるように定数 a, b の値を定め，そのときの一般解を求めよ.

Q8.14 次の各問いに答えよ.

（類題：九州大学）

(1) 微分方程式 $y'' - 2y' - 3y = 3x$ の 1 つの解 y_1 を求めよ.

(2) 微分方程式 $y'' - 2y' - 3y = \sin x$ の 1 つの解 y_2 を求めよ.

(3) (1), (2) の y_1, y_2 に対して，$y_1 + y_2$ は微分方程式 $y'' - 2y' - 3y = 3x + \sin x$ の解であることを示せ.

(4) 微分方程式 $y'' - 2y' - 3y = 3x + \sin x$ の一般解を求めよ.

Q8.15 微分方程式 $x^2\dfrac{d^2y}{dx^2} - 2x\dfrac{dy}{dx} - 4y = 0 \cdots ①$ について，次の問いに答えよ.

（類題：九州大学，東京大学，東北大学，富山大学）

(1) $z = \log|x|$ とおくことで，$\dfrac{dy}{dx}$ を $\dfrac{dy}{dz}$ と x を用いて表せ. また，$\dfrac{d^2y}{dx^2}$ を

$\dfrac{d^2y}{dz^2}, \dfrac{dy}{dz}, x$ を用いて表せ.

(2) 微分方程式 ① を z に関する微分方程式に変換せよ.

(3) 微分方程式 ① の一般解を求めよ.

Q8.16 微分方程式 $y'' + \dfrac{2}{x}y' + y = 0$ について，以下の問いに答えよ.

（類題：東京大学）

(1) $y = uv$ とおいてこの微分方程式を v の 2 階線形微分方程式に書き換え，v' の係数が 0 となるように関数 u を定めよ.

(2) (1) の条件を満たす 1 つの u に対して，微分方程式を満たす関数 v を求めることにより，この微分方程式を解け.

Q8.17 微分方程式 $xy'' - (2x + 1)y' + 2y = 3x^2e^{3x}$ について，次の問いに答えよ.

（類題：大阪大学）

(1) 補助方程式 $xy'' - (2x + 1)y' + 2y = 0$ は，$y = e^{mx}$（m は定数）の形の解をもつ. m を求めよ.

(2) (1) で求めた m に対して，もとの微分方程式の解を $y = e^{mx}u$（u は x の関数）として，u が満たす微分方程式を作れ.

(3) (2) の微分方程式を解くことにより，もとの微分方程式の一般解を求めよ.

解 答

第1章 いろいろな微分法と積分法

第0節 既習事項の確認

0.1 (1) $f'(x) = \lim_{h \to 0} \dfrac{(x+h)^2 - x^2}{h}$

$\qquad = \lim_{h \to 0} \dfrac{h(2x+h)}{h}$

$\qquad = \lim_{h \to 0} (2x + h) = 2x$

(2) $f'(x) = \lim_{h \to 0} \dfrac{\sqrt{x+h} - \sqrt{x}}{h}$

$\qquad = \lim_{h \to 0} \dfrac{x+h-x}{h(\sqrt{x+h} + \sqrt{x})}$

$\qquad = \lim_{h \to 0} \dfrac{1}{\sqrt{x+h} + \sqrt{x}}$

$\qquad = \dfrac{1}{2\sqrt{x}}$

(3) $f'(x) = \lim_{h \to 0} \dfrac{1}{h}\left(\dfrac{1}{x+h} - \dfrac{1}{x}\right)$

$\qquad = \lim_{h \to 0} \dfrac{1}{h} \dfrac{x-(x+h)}{(x+h)x}$

$\qquad = \lim_{h \to 0} \dfrac{-1}{(x+h)x}$

$\qquad = -\dfrac{1}{x^2}$

0.2 (1) $y' = -4x^3 + 6x,\ y'' = -12x^2 + 6$

(2) $y' = -\dfrac{6}{x^3},\ y'' = \dfrac{18}{x^4}$

(3) $y' = \dfrac{2}{\sqrt{4x+5}},\ y'' = -\dfrac{4}{\sqrt{(4x+5)^3}}$

(4) $y' = 2\cos 2x,\ y'' = -4\sin 2x$

(5) $y' = 2xe^{x^2},\ y'' = 2(1+2x^2)e^{x^2}$

(6) $y' = \dfrac{2x}{x^2+1},\ y'' = \dfrac{-2(x^2-1)}{(x^2+1)^2}$

(7) $y' = -e^{-x}(\cos x + \sin x),$
$y'' = 2e^{-x}\sin x$

(8) $y' = \dfrac{1}{\sqrt{4-x^2}},\ y'' = \dfrac{x}{\sqrt{(4-x^2)^3}}$

(9) $y' = -\dfrac{1}{x^2+1},\ y'' = \dfrac{2x}{(x^2+1)^2}$

(10) $y' = 3(2x-1)(x^2-x+1)^2,$
$y'' = 6(x^2-x+1)(5x^2-5x+2)$

(11) $y' = \dfrac{6}{x^2-9},\ y'' = -\dfrac{12x}{(x^2-9)^2}$

(12) $y' = \dfrac{1}{\sqrt{x^2+2}},\ y'' = -\dfrac{x}{\sqrt{(x^2+2)^3}}$

(13) $y' = \dfrac{x}{\sqrt{x^2+3}},\ y'' = \dfrac{3}{\sqrt{(x^2+3)^3}}$

0.3 以下では C は積分定数である.

(1) $2x^4 - 3x^2 + 5x + C$

(2) $-\dfrac{1}{x} + \dfrac{2}{x^2} + C$

(3) $\dfrac{1}{2}x^2 + 2x + \log x + C$

(4) $\dfrac{2}{5}x^2\sqrt{x} - 2x\sqrt{x} + 6\sqrt{x} + \dfrac{2}{\sqrt{x}} + C$

(5) $-\cos x + \dfrac{1}{\tan x} + C$

(6) $\tan x - x + C$

(7) $\dfrac{1}{4}\log\left|\dfrac{x-2}{x+2}\right| + C$

(8) $\sin^{-1}\dfrac{x}{\sqrt{5}} + C$

(9) $\dfrac{1}{\sqrt{5}}\tan^{-1}\dfrac{x}{\sqrt{5}} + C$

(10) $\log\left|x + \sqrt{x^2-5}\right| + C$

(11) $\dfrac{1}{2}\left(x\sqrt{4-x^2} + 4\sin^{-1}\dfrac{x}{2}\right) + C$

(12) $\dfrac{1}{2}\left(x\sqrt{x^2-1} - \log\left|x + \sqrt{x^2-1}\right|\right) + C$

0.4 (1) $\dfrac{1}{18}(3x-8)^6 + C$

(2) $-\dfrac{1}{2}\log|5-4x| + C$

(3) $-\dfrac{1}{2}e^{-2x} + C$

(4) $\dfrac{1}{3}\sin 3x + C$

0.5 (1) $\dfrac{1}{14}(x^4-5)^7 + C$

(2) $\dfrac{1}{2}\log(x^2+4x+8) + C$

(3) $-\dfrac{1}{4}\cos^4 x + C$

(4) $\dfrac{1}{3}(\log x)^3 + C$

0.6　(1) $(2-x)e^x + C$

(2) $2x\sin\dfrac{x}{2} + 4\cos\dfrac{x}{2} + C$

(3) $\left(x^2 + x\right)\log x - \dfrac{x^2}{2} - x + C$

(4) $x\sin^{-1}\dfrac{x}{2} + \sqrt{4 - x^2} + C$

(5) $2e^{\frac{x}{2}}(x^2 - 4x + 8) + C$

(6) $\dfrac{1}{5}e^{2x}(2\sin x - \cos x) + C$

0.7　(1) $\log|x^2 - 1| + C$

(2) $\log\dfrac{(x+2)^2}{|x-3|} + C$

0.8　(1) 10　　(2) $\dfrac{1}{3}$　　(3) $\dfrac{e^2}{2} - 2 - \dfrac{1}{2e^2}$

(4) $\dfrac{\sqrt{3}\pi}{18}$　　(5) $\dfrac{8}{3}$　　(6) $\dfrac{\pi}{2} - 1$

(7) 1　　(8) 12　　(9) $\dfrac{4}{3}$　　(10) $\dfrac{\pi}{32}$

第 1 節　曲線の媒介変数表示と極方程式

1.1　曲線の方程式，点 P(0) の座標，グラフの
順に示す.

(1) 直線 $y = 2x + 5$, $(-2, 1)$

(2) 放物線 $y = 2(x-2)^2 + 1$, $(2, 1)$

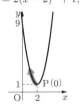

(3) 放物線 $x = 4 - 4y^2$, $(4, 0)$

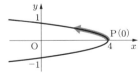

(4) 円 $x^2 + y^2 = 9$, $(-3, 0)$

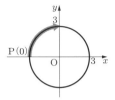

(5) 楕円 $x^2 + \dfrac{y^2}{4} = 1$, $(1, 0)$

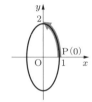

1.2
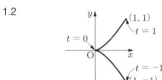

1.3　(1) $\begin{pmatrix} -2 \\ -4 \end{pmatrix}$　　(2) $\begin{pmatrix} \pi \\ -4 \end{pmatrix}$

(3) $\begin{pmatrix} -\sqrt{3} \\ \dfrac{3}{2} \end{pmatrix}$　　(4) $\begin{pmatrix} \dfrac{1}{e} \\ 2e \end{pmatrix}$

1.4　(1) $\begin{pmatrix} -\dfrac{9}{8} \\ \dfrac{3\sqrt{3}}{8} \end{pmatrix}$　　(2) $\begin{pmatrix} -\dfrac{3\sqrt{2}}{4} \\ \dfrac{3\sqrt{2}}{4} \end{pmatrix}$

(3) $\begin{pmatrix} -\dfrac{3\sqrt{3}}{8} \\ -\dfrac{9}{8} \end{pmatrix}$　　(4) $\begin{pmatrix} \dfrac{3\sqrt{2}}{4} \\ -\dfrac{3\sqrt{2}}{4} \end{pmatrix}$

1.5　(1) $\begin{cases} x = -1 + s \\ y = 3 + 4s \end{cases}$, $\dfrac{x+1}{1} = \dfrac{y-3}{4}$

(2) $\begin{cases} x = e + 2es \\ y = 1 + 2s \end{cases}$, $\dfrac{x-e}{2e} = \dfrac{y-1}{2}$

(3) $\begin{cases} x = 1 + \sqrt{3}s \\ y = \sqrt{3} + 2s \end{cases}$, $\dfrac{x-1}{\sqrt{3}} = \dfrac{y-\sqrt{3}}{2}$

(4) $\begin{cases} x = \dfrac{3\pi}{2} + 1 + s \\ y = 1 - s \end{cases}$,

$\dfrac{x - \dfrac{3\pi}{2} - 1}{1} = \dfrac{y-1}{-1}$

1.6 (1) 4　(2) $\dfrac{16}{5}$　(3) $\dfrac{48\sqrt{2}}{7}$　(4) 3π

1.7 (1) $\sqrt{2}+\log\left(1+\sqrt{2}\right)$

(2) $\dfrac{1}{3}\left(5\sqrt{5}-8\right)$　(3) 32

1.8 (1) $\dfrac{14}{3}$　(2) $\dfrac{33}{16}$　(3) $e-\dfrac{1}{e}$

1.9 (1) $\left(\sqrt{3},1\right)$　(2) $(0,-1)$

(3) $\left(-1,-\sqrt{3}\right)$　(4) $(-5,0)$

(5) $\left(\sqrt{2},-\sqrt{2}\right)$　(6) $(-1,-1)$

1.10 (1) $\left(4,\dfrac{\pi}{3}\right)$　(2) $\left(2\sqrt{2},\dfrac{3\pi}{4}\right)$

(3) $\left(2,\dfrac{5\pi}{3}\right)$　(4) $(4,\pi)$

(5) $\left(2,\dfrac{5\pi}{4}\right)$　(6) $\left(4,\dfrac{3\pi}{2}\right)$

1.11 (1) $r=\dfrac{2}{\cos\theta}$　$\left(-\dfrac{\pi}{2}<\theta<\dfrac{\pi}{2}\right)$

(2) $r=\dfrac{3}{\sin\theta}$　$(0<\theta<\pi)$

(3) $r=\dfrac{1}{\cos\theta-\sin\theta}$　$\left(-\dfrac{3\pi}{4}<\theta<\dfrac{\pi}{4}\right)$

(4) $r=-4\cos\theta$　$\left(\dfrac{\pi}{2}\leqq\theta\leqq\dfrac{3\pi}{2}\right)$

(5) $r=6\sin\theta$　$(0\leqq\theta\leqq\pi)$

(6) $r=2(\sin\theta-\cos\theta)$　$\left(\dfrac{\pi}{4}\leqq\theta\leqq\dfrac{5\pi}{4}\right)$

1.12 (1) 円 $x^2+y^2=4$

(2) 螺旋（らせん）

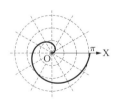

(3) 円 $x^2+(y-2)^2=4$

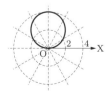

1.13 (1) $\dfrac{\pi^3}{24}$　(2) $2\sqrt{3}$　(3) $1+\dfrac{\pi}{2}$

(4) $\dfrac{3\pi}{2}$

1.14 (1) $\pi\sqrt{\pi^2+1}+\log\left(\pi+\sqrt{\pi^2+1}\right)$

(2) $\dfrac{\sqrt{5}}{2}\left(e^{2\pi}-1\right)$　(3) 2π　(4) 4

1.15 (1) 条件より $x\geqq 0$ である．$t=x^2-1$ であるから，曲線は放物線 $y=\dfrac{1}{2}\left(x^2+1\right)$ $(x\geqq 0)$ となる．t が増加すると，点 $\mathrm{P}(t)$ は曲線上を矢印の方向に移動する．

(2) $e^{-t}=x-1\ (>0)$ より，$e^t=\dfrac{1}{x-1}$ であるから，曲線は双曲線 $y=\dfrac{1}{x-1}+1$ $(x>1)$ である．t が増加すると，点 $\mathrm{P}(t)$ は曲線上を矢印の方向に移動する．

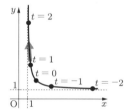

(3) $\sin^2 t+\cos^2 t=1$ であることから，曲線は円 $x^2+y^2=2$ である．t が増加すると，点 $\mathrm{P}(t)$ は円周上を矢印の方向に移動する．

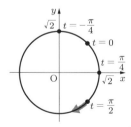

(4) 条件より $x\neq 0$ である．$t=\dfrac{1}{x}-1$ であるから，直線 $y=-2x+1$ から点 $(0,1)$ を除いた部分となる．点 $\mathrm{P}(t)$ は，$t\to\pm\infty$ とすると，直線上で限りなく点 $(0,1)$ に近づく．

また, $t \to -1 + 0$ のときは x 座標が増加する方向に, $t \to -1 - 0$ のときは x 座標が減少する方向に直線上を移動する.

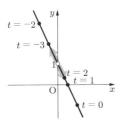

1.16 (1) $x^2 + y^2 = \left(\dfrac{1-t^2}{1+t^2} \right)^2 + \left(\dfrac{2t}{1+t^2} \right)^2$

より, $x^2 + y^2 = 1$ を得る. ただし, $x = -1 + \dfrac{2}{1+t^2} \neq -1$ より, 点 $(-1, 0)$ を除く.

(2) $\dfrac{y}{x} = t$ を $x = \dfrac{3t}{1+t^3}$ に代入して整理すると, $x^3 + y^3 = 3xy$ を得る.

(3) $\cos^2 t + \sin^2 t = 1$ より, $\dfrac{x}{2} + \dfrac{y}{3} = 1$ となる. ただし, $x \geqq 0,\ y \geqq 0$ である.

(4) $\tan^2 t + 1 = \dfrac{1}{\cos^2 t}$ より, $y^2 - x^2 = 1$

1.17 (1) $\boldsymbol{v}(t) = \begin{pmatrix} 2 \sin t \cos t \\ 2 \sin^2 t + \tan^2 t \end{pmatrix}$

(2) $\boldsymbol{v}(t) = \begin{pmatrix} \dfrac{4(1 - 2t^3)}{(1+t^3)^2} \\ \dfrac{4t(2 - t^3)}{(1+t^3)^2} \end{pmatrix}$

(3) $\boldsymbol{v}(t) = \begin{pmatrix} -\dfrac{e^t - e^{-t}}{(e^t + e^{-t})^2} \\ \dfrac{4}{(e^t + e^{-t})^2} \end{pmatrix}$

(4) $\boldsymbol{v}(t) = \begin{pmatrix} t \cos t \\ t \sin t \end{pmatrix}$

1.18 接線, 法線の順に示す.

(1) $y = -\dfrac{1}{3}x + \dfrac{\sqrt{3}}{2},\ y = 3x + \dfrac{\sqrt{3}}{2}$

(2) $y = -x + \dfrac{\sqrt{2}}{2},\ y = x$

(3) $y = \dfrac{1}{4}x + \dfrac{1}{2},\ y = -4x + 9$

(4) $y = -\dfrac{\sqrt{3}}{3}x + \dfrac{\sqrt{3}}{18}\pi + \dfrac{1}{2}\log\dfrac{3}{4}$,

$y = \sqrt{3}x - \dfrac{\sqrt{3}}{6}\pi + \dfrac{1}{2}\log\dfrac{3}{4}$

1.19 $x = f(t),\ \dfrac{dy}{dx} = \dfrac{g'(t)}{f'(t)}$ であるから

$$\frac{d^2 y}{dx^2} = \frac{d\left(\dfrac{dy}{dx} \right)}{dx} = \frac{d\left(\dfrac{dy}{dx} \right)}{dt} \Big/ \frac{dx}{dt}$$

$$= \left(\frac{g'(t)}{f'(t)} \right)' \cdot \frac{1}{f'(t)}$$

(1) $\dfrac{dy}{dx} = \dfrac{3t^2 - 3}{2t},\ \dfrac{d^2 y}{dx^2} = \dfrac{3t^2 + 3}{4t^3}$

(2) $\dfrac{dy}{dx} = -\dfrac{1}{4 \sin t},\ \dfrac{d^2 y}{dx^2} = -\dfrac{1}{32 \sin^3 t}$

(3) $\dfrac{dy}{dx} = \dfrac{-\cos t + \sin t}{\cos t + \sin t}$,

$\dfrac{d^2 y}{dx^2} = -\dfrac{2e^t}{(\cos t + \sin t)^3}$

(4) $\dfrac{dy}{dx} = t,\ \dfrac{d^2 y}{dx^2} = 1 + t^2$

1.20 (1) $x = \sqrt{t},\ y = 4t - t^2 = t(4 - t)$ であり, $0 \leqq t \leqq 4$ であることから, $x \geqq 0,\ y \geqq 0$ である. $t = 0$ のとき $x = 0$, $t = 4$ のとき $x = 2$ であり, $dx = \dfrac{1}{2\sqrt{t}}\, dt$ であるから, 求める面積 S は

$$S = \int_0^2 y\, dx = \int_0^4 (4t - t^2) \cdot \frac{1}{2\sqrt{t}}\, dt$$

$$= \frac{1}{2} \int_0^4 \left(4\sqrt{t} - t\sqrt{t} \right) dt = \frac{64}{15}$$

(2) t を消去すると $y = 1 + (1 - 2\sin^2 t) = 2 - 2x^2$ であるから, この曲線は放物線である. $-\dfrac{\pi}{2} \leqq t \leqq \dfrac{\pi}{2}$ のとき $-1 \leqq x \leqq 1$ であり, $dx = \cos t\, dt$ である. 求める面積 S は

$$S = \int_{-1}^1 y\, dx = \int_{-\frac{\pi}{2}}^{\frac{\pi}{2}} (1 + \cos 2t) \cdot \cos t\, dt$$

$$= \int_{-\frac{\pi}{2}}^{\frac{\pi}{2}} 2\cos^3 t \, dt$$

$$= 4\int_0^{\frac{\pi}{2}} \cos^3 t \, dt = \frac{8}{3}$$

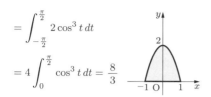

(3) $x^2 + y^2 = 2$ となるので，この曲線は原点を中心とする半径 $\sqrt{2}$ の円である．$t = -\frac{3\pi}{4}$ のとき $x = -\sqrt{2}$, $t = \frac{\pi}{4}$ のとき $x = \sqrt{2}$ であり，$-\frac{3\pi}{4} \leqq t \leqq \frac{\pi}{4}$ では $\cos t \geqq \sin t$ であるから，$y \geqq 0$ である．また，$dx = (-\sin t + \cos t)\, dt$ であるから，求める面積 S は

$$S = \int_{-\sqrt{2}}^{\sqrt{2}} y \, dx$$

$$= \int_{-\frac{3\pi}{4}}^{\frac{\pi}{4}} (\cos t - \sin t)(-\sin t + \cos t) \, dt$$

$$= \int_{-\frac{3\pi}{4}}^{\frac{\pi}{4}} (1 - 2\sin t \cos t) \, dt$$

$$= \pi$$

1.21　(1) $t = -\frac{\pi}{2}$ のとき $x = -2$, $t = \frac{\pi}{2}$ のとき $x = 2$, $dx = 2\cos t \, dt$ であるから，求める体積 V は

$$V = \pi \int_{-2}^{2} y^2 \, dx$$

$$= \pi \int_{-\frac{\pi}{2}}^{\frac{\pi}{2}} (1 + \cos 2t)^2 \cdot 2\cos t \, dt$$

$$= \pi \int_{-\frac{\pi}{2}}^{\frac{\pi}{2}} (2\cos^2 t)^2 \cdot 2\cos t \, dt$$

$$= 2\pi \int_0^{\frac{\pi}{2}} 8\cos^5 t \, dt = \frac{128\pi}{15}$$

(2) $t = 0$ のとき $x = 2$, $t = \pi$ のとき $x = -2$, $dx = -2\sin t \, dt$ であるから，求める体積 V は

$$V = \pi \int_{-2}^{2} y^2 \, dx$$

$$= \pi \int_{\pi}^{0} (3\sin t)^2 \cdot (-2\sin t) \, dt$$

$$= \pi \int_0^{\pi} 18\sin^3 t \, dt = 18\pi \cdot 2 \int_0^{\frac{\pi}{2}} \sin^3 t \, dt$$

$$= 36\pi \cdot \frac{2}{3} = 24\pi$$

(3) $t = \frac{\pi}{2}$ のとき $x = \frac{\pi}{2} - 1$, $t = \frac{3\pi}{2}$ のとき $x = \frac{3\pi}{2} + 1$ である．また，$dx = (1 - \cos t) \, dt$ であるから，求める体積 V は

$$V = \pi \int_{\frac{\pi}{2} - 1}^{\frac{3\pi}{2} + 1} y^2 \, dx$$

$$= \pi \int_{\frac{\pi}{2}}^{\frac{3\pi}{2}} \cos^2 t (1 - \cos t) \, dt$$

$$= \pi \left(\int_{\frac{\pi}{2}}^{\frac{3\pi}{2}} \cos^2 t \, dt - \int_{\frac{\pi}{2}}^{\frac{3\pi}{2}} \cos^3 t \, dt \right)$$

$$= 2\pi \left(\int_0^{\frac{\pi}{2}} \cos^2 t \, dt - \int_0^{\frac{\pi}{2}} \cos^3 t \, dt \right)$$

$$= 2\pi \left(\frac{1}{2} \frac{\pi}{2} + \frac{2}{3} \right) = \frac{\pi^2}{2} + \frac{4\pi}{3}$$

(4) $t = -\frac{3\pi}{4}$ のとき $x = -\sqrt{2}$, $t = \frac{\pi}{4}$ のとき $x = \sqrt{2}$ であり，$dx = (-\sin t + \cos t) \, dt$ であるから，三角関数の合成を利用すると，求める体積 V は

$$V = \pi \int_{-\sqrt{2}}^{\sqrt{2}} y^2 \, dx$$

$$= \pi \int_{-\frac{3\pi}{4}}^{\frac{\pi}{4}} (\cos t - \sin t)^3 \, dt$$

$$= \pi \int_{-\frac{3\pi}{4}}^{\frac{\pi}{4}} 2\sqrt{2} \sin^3 \left(t + \frac{3\pi}{4} \right) \, dt$$ となる．

$t + \frac{3\pi}{4} = u$ とすると，

$$V = 2\sqrt{2}\,\pi \int_0^{\pi} \sin^3 u \, du = 2\sqrt{2}\,\pi \cdot 2 \cdot \frac{2}{3}$$

$$= \frac{8\sqrt{2}\pi}{3}$$

1.22 (1) $\dfrac{dx}{dt} = -\dfrac{4t}{(1+t^2)^2}$,

$\dfrac{dy}{dt} = \dfrac{2(1-t^2)}{(1+t^2)^2}$ であるから,

$\left(\dfrac{dx}{dt}\right)^2 + \left(\dfrac{dy}{dt}\right)^2 = \dfrac{4(1+t^2)^2}{(1+t^2)^4} = \dfrac{4}{(1+t^2)^2}$

である. したがって, $L = \displaystyle\int_0^1 \dfrac{2}{1+t^2}\,dt =$

$2\left[\tan^{-1}x\right]_0^1 = \dfrac{\pi}{2}$

(2) $\dfrac{dx}{dt} = -e^{-t}(\cos t + \sin t)$, $\dfrac{dy}{dt} = e^{-t}(\cos t - \sin t)$ であるから,

$\left(\dfrac{dx}{dt}\right)^2 + \left(\dfrac{dy}{dt}\right)^2 = 2e^{-2t}(\cos^2 t + \sin^2 t)$

$= 2e^{-2t}$

である. したがって, $L = \displaystyle\int_0^\pi \sqrt{2}e^{-t}\,dt =$

$\sqrt{2}\left[-e^{-t}\right]_0^\pi = \sqrt{2}(1 - e^{-\pi})$

(3) $\dfrac{dx}{dt} = -2\sin t + 2\sin 2t$,

$\dfrac{dy}{dt} = 2\cos t - 2\cos 2t$ であるから, 積を和に直す公式と半角の公式を利用すると,

$\left(\dfrac{dx}{dt}\right)^2 + \left(\dfrac{dy}{dt}\right)^2$

$= 8\left(1 - \sin 2t \sin t - \cos 2t \cos t\right)$

$= 8\left(1 - \cos t\right) = 16\sin^2 \dfrac{t}{2}$

である. したがって, $L = \displaystyle\int_0^\pi \left|4\sin\dfrac{t}{2}\right|\,dt =$

$4\displaystyle\int_0^\pi \sin\dfrac{t}{2}\,dt = 8\left[-\cos\dfrac{t}{2}\right]_0^\pi = 8$

(4) $\dfrac{dx}{dt} = \dfrac{1}{\sqrt{1-t^2}}$, $\dfrac{dy}{dt} = -\dfrac{t}{1-t^2}$ であるから,

$\left(\dfrac{dx}{dt}\right)^2 + \left(\dfrac{dy}{dt}\right)^2 = \dfrac{1}{(1-t^2)^2}$

である. したがって, $L = \displaystyle\int_0^{\frac{1}{2}} \dfrac{1}{1-t^2}\,dt =$

$\dfrac{1}{2}\left[\log\left|\dfrac{1+t}{1-t}\right|\right]_0^{\frac{1}{2}} = \dfrac{1}{2}\log 3$

1.23 (1) $1 + (y')^2 = 1 + \left(x - \dfrac{1}{4x}\right)^2 = \left(x + \dfrac{1}{4x}\right)^2$ であるから,

$L = \displaystyle\int_1^e \left(x + \dfrac{1}{4x}\right)\,dx$

$= \left[\dfrac{x^2}{2} + \dfrac{1}{4}\log x\right]_1^e = \dfrac{e^2}{2} - \dfrac{1}{4}$

(2) $1 + (y')^2 = 1 + \dfrac{1}{4x}$ であるから,

$L = \displaystyle\int_{\frac{1}{4}}^{\frac{1}{2}} \sqrt{1 + \dfrac{1}{4x}}\,dx = \int_{\frac{1}{4}}^{\frac{1}{2}} \sqrt{\dfrac{4x+1}{4x}}\,dx$

である. ここで, $t = \sqrt{4x}$ とおくと $t^2 = 4x$ より, $2t\,dt = 4\,dx$ となる. $x = \dfrac{1}{4}$ のとき $t = 1$, $x = \dfrac{1}{2}$ のとき $t = \sqrt{2}$ であるから,

$L = \displaystyle\int_1^{\sqrt{2}} \sqrt{\dfrac{t^2+1}{t^2}}\,\dfrac{1}{2}t\,dt$

$= \dfrac{1}{2}\displaystyle\int_1^{\sqrt{2}} \sqrt{t^2+1}\,dt$

$= \dfrac{1}{2}\cdot\dfrac{1}{2}\left[t\sqrt{t^2+1} \right.$

$\left. + \log\left|t + \sqrt{t^2+1}\right|\right]_1^{\sqrt{2}}$

$= \dfrac{1}{4}\left\{\sqrt{6} + \log\left(\sqrt{2}+\sqrt{3}\right)\right.$

$\left. -\sqrt{2} - \log\left(1 + \sqrt{2}\right)\right\}$

$= \dfrac{1}{4}\left(\sqrt{6} - \sqrt{2} + \log\dfrac{\sqrt{2}+\sqrt{3}}{1+\sqrt{2}}\right)$

$= \dfrac{1}{4}\left\{\sqrt{6} - \sqrt{2} + \log\left(2 + \sqrt{6} - \sqrt{2} - \sqrt{3}\right)\right\}$

1.24 $x = r\cos\theta$, $y = r\sin\theta$ を代入する.

(1) $r = 2\sin\theta$ $(0 \le \theta \le \pi)$

(2) $r = \sqrt{\sin 2\theta}$ $\left(0 \le \theta \le \dfrac{\pi}{2},\ \pi \le \theta \le \dfrac{3\pi}{2}\right)$

1.25 (1) $S = \dfrac{1}{2}\displaystyle\int_0^\pi (2 + \cos 2\theta)^2\,d\theta$

$= \dfrac{1}{2}\displaystyle\int_0^\pi \left\{4 + 4\cos 2\theta + \dfrac{1}{2}(1 + \cos 4\theta)\right\}\,d\theta$

$= \dfrac{9}{4}\pi$

(2) $S = \dfrac{1}{2} \displaystyle\int_0^\pi (2 + 3\sin\theta)^2 \, d\theta$

$= \dfrac{1}{2} \displaystyle\int_0^\pi \left\{ 4 + 12\sin\theta + \dfrac{9}{2}(1 - \cos 2\theta) \right\} d\theta$

$= 12 + \dfrac{17\pi}{4}$

(3) $S = \dfrac{1}{2} \displaystyle\int_0^\pi \left(2\cos\dfrac{\theta}{2} \right)^2 d\theta$

$= \dfrac{1}{2} \displaystyle\int_0^\pi 2(1 + \cos\theta) \, d\theta = \pi$

(4) $S = \dfrac{1}{2} \displaystyle\int_0^{\frac{2\pi}{3}} \left(\dfrac{2}{1 + \cos\theta} \right)^2 d\theta$

となる．ここで，$t = \tan\dfrac{\theta}{2}$ とおくと，

$\cos\theta = \dfrac{1 - t^2}{1 + t^2}$, $d\theta = \dfrac{2}{1 + t^2} \, dt$, $\theta = 0$ の

とき $t = 0$, $\theta = \dfrac{2\pi}{3}$ のとき $t = \sqrt{3}$ である

から，

$S = \dfrac{1}{2} \displaystyle\int_0^{\sqrt{3}} (1 + t^2)^2 \cdot \dfrac{2}{1 + t^2} \, dt$

$= \displaystyle\int_0^{\sqrt{3}} (1 + t^2) \, dt = 2\sqrt{3}$

1.26 (1) $r^2 + \left(\dfrac{dr}{d\theta} \right)^2 = \theta^4 + (2\theta)^2 = \theta^2(\theta^2 + 4)$

であるから，

$L = \displaystyle\int_0^{2\pi} \theta \sqrt{\theta^2 + 4} \, d\theta$

$t = \theta^2 + 4$ とおくと $dt = 2\theta \, d\theta$ となる．$\theta = 0$

のとき $t = 4$, $\theta = 2\pi$ のとき $t = 4\pi^2 + 4$ で

あるから，

$L = \dfrac{1}{2} \displaystyle\int_4^{4\pi^2 + 4} \sqrt{t} \, dt$

$= \dfrac{1}{2} \cdot \dfrac{2}{3} \left[t^{\frac{3}{2}} \right]_4^{4\pi^2 + 4}$

$= \dfrac{8}{3} \left\{ \sqrt{(\pi^2 + 1)^3} - 1 \right\}$

(2) $r^2 + \left(\dfrac{dr}{d\theta} \right)^2$

$= \left(\cos^3 \dfrac{\theta}{3} \right)^2 + \left(-3 \cdot \dfrac{1}{3} \cos^2 \dfrac{\theta}{3} \sin\dfrac{\theta}{3} \right)^2$

$= \cos^4 \dfrac{\theta}{3} \left(\cos^2 \dfrac{\theta}{3} + \sin^2 \dfrac{\theta}{3} \right) = \cos^4 \dfrac{\theta}{3}$

である．したがって，

$L = \displaystyle\int_0^{\frac{3\pi}{2}} \cos^2 \dfrac{\theta}{3} \, d\theta$

$= \dfrac{1}{2} \displaystyle\int_0^{\frac{3\pi}{2}} \left(1 + \cos\dfrac{2\theta}{3} \right) d\theta = \dfrac{3\pi}{4}$

1.27 分母を払うと，$r + ar\cos\theta = 1$ であるか

ら，$r = 1 - ar\cos\theta$ より，$r^2 = (1 - ar\cos\theta)^2$

となる．これを直交座標で表した $x^2 + y^2 =$

$(1 - ax)^2$ を変形すると，

$$\left(1 - a^2 \right) x^2 + y^2 + 2ax = 1$$

となる．$a = \pm 1$ のとき，$y^2 = 1 \mp 2x$（複号

同順）となるので，放物線となる．

$a \neq \pm 1$ のとき，さらに変形すると

$$\dfrac{\left(x + \dfrac{a}{1 - a^2} \right)^2}{\dfrac{1}{\left(1 - a^2 \right)^2}} + \dfrac{y^2}{\dfrac{1}{1 - a^2}} = 1$$

となるので，$|a| < 1$ のとき楕円，$|a| > 1$ の

とき双曲線となる．

1.28 $\dfrac{dx}{dt} = 1 - 2\cos 2t$, $\dfrac{dy}{dt} = 2\sin 2t$ より，

$\dfrac{dy}{dx} = \dfrac{2\sin 2t}{1 - 2\cos 2t}$,

$\dfrac{d^2 y}{dx^2} = \dfrac{d}{dt} \left(\dfrac{2\sin 2t}{1 - 2\cos 2t} \right) \cdot \dfrac{1}{1 - 2\cos 2t}$

$= \dfrac{4(\cos 2t - 2)}{(1 - 2\cos 2t)^3}$

1.29 (1) $\dfrac{dx}{dt} = -e^{-t}$, $\dfrac{dy}{dt} = (2t - t^2)e^{-t}$

より，

$\dfrac{dy}{dx} = t^2 - 2t$,

$\dfrac{d^2 y}{dx^2} = \dfrac{d}{dt} \left(t^2 - 2t \right) \cdot \dfrac{1}{-e^{-t}} = (2 - 2t)e^t$

(2) $\dfrac{dy}{dx} = 0$ とすると，$t(t - 2) = 0$ より，

$t = 0, 2$ となる．

$t = 0$ のとき，$x = 1$, $y = 0$ であり，$t = 2$ の

とき，$x = \dfrac{1}{e^2}$, $y = \dfrac{4}{e^2}$ である．

(3) $t = 0$ のとき，$\dfrac{dy}{dx} = 0$, $\dfrac{d^2y}{dx^2} = 2 > 0$

より y は極小，$t = 2$ のとき，$\dfrac{dy}{dx} = 0$,

$\dfrac{d^2y}{dx^2} = -2e^2 < 0$ より y は極大となる（微

分積分 1 問題集例題 6.2 参照）．したがって，$x = 1$ で極小値 $y = 0$, $x = \dfrac{1}{e^2}$ で極大値

$y = \dfrac{4}{e^2}$ をとる．

1.30 (1) $\dfrac{dx}{dt} = 2t$, $\dfrac{dy}{dt} = 3t^2 - 3$ である

から，

$\dfrac{dy}{dx} = \dfrac{3(t^2 - 1)}{2t}$,

$\dfrac{dy^2}{dx^2} = \dfrac{d}{dt}\left\{\dfrac{3(t^2 - 1)}{2t}\right\} \cdot \dfrac{1}{2t} = \dfrac{3(t^2 + 1)}{4t^3}$

(2) $\dfrac{d^2y}{dx^2} < 0$ となればよい．すべての実数 t

に対して $t^2 + 1 > 0$ なので，$t^3 < 0$ より，求める範囲は $t < 0$ である．

(3) $y = t(t^2 - 3) = tx$ であるから，t を消去した方程式は $y^2 = x^3 + 3x^2$ である．これより，(x, y) が曲線上の点であれば，$(x, -y)$ も曲線上の点となるので，曲線は x 軸に関して対称である．

(4) $y = 0$ とすると，$t = 0, \pm\sqrt{3}$ で，$t = 0$ のとき $x = -3$, $t = \pm\sqrt{3}$ のとき $x = 0$ となる．また，$-\sqrt{3} \leqq t \leqq 0$ のとき $y \geqq 0$ となる．曲線の対称性から，求める面積は $-\sqrt{3} \leqq t \leqq 0$ の部分と x 軸で囲まれた図形の面積を 2 倍すればよいので，

$S = 2\displaystyle\int_{-3}^{0} y\,dx = 2\int_{0}^{-\sqrt{3}} (t^3 - 3t) \cdot 2t\,dt$

$= 4\displaystyle\int_{-\sqrt{3}}^{0} (3t^2 - t^4)\,dt = \dfrac{24\sqrt{3}}{5}$

1.31 (1) $\dfrac{dx}{d\theta} = -2\sin\theta + 2\sin 2\theta$

$= -2\sin\theta + 4\sin\theta\cos\theta$

$= -2\sin\theta(1 - 2\cos\theta)$

であるから，$\dfrac{dx}{d\theta} = 0$ となるのは $\theta = 0, \dfrac{\pi}{3}$,

$\pi, \dfrac{5\pi}{3}, 2\pi$ のときである．増減表は次のよう

になる．

θ	0	$\cdots$	$\dfrac{\pi}{3}$	$\cdots$	π	$\cdots$	$\dfrac{5\pi}{3}$	$\cdots$	2π
$\dfrac{dx}{dt}$	0	$+$	0	$-$	0	$+$	0	$-$	0
x	1	$\nearrow$	$\dfrac{3}{2}$	$\searrow$	-3	$\nearrow$	$\dfrac{3}{2}$	$\searrow$	1

(2) $\dfrac{dy}{d\theta} = 2\cos\theta + 2\cos 2\theta$

$= 2\cos\theta + 2(2\cos^2\theta - 1)$

$= 2(2\cos\theta - 1)(\cos\theta + 1)$

であるから，$\dfrac{dy}{d\theta} = 0$ となるのは $\theta = \dfrac{\pi}{3}, \pi, \dfrac{5\pi}{3}$ のときである．増減表は次のようになる．

θ	0	$\cdots$	$\dfrac{\pi}{3}$	$\cdots$	π	$\cdots$	$\dfrac{5\pi}{3}$	$\cdots$	2π
$\dfrac{dy}{dt}$	$+$	$+$	0	$-$	0	$-$	0	$+$	$+$
y	0	$\nearrow$	$\dfrac{3\sqrt{3}}{2}$	$\searrow$	0	$\searrow$	$-\dfrac{3\sqrt{3}}{2}$	$\nearrow$	0

(3) (1), (2) の増減表より，点 P は $\theta = 0, 2\pi$ に対応し，座標は $(1, 0)$．点 Q は $\theta = \dfrac{\pi}{3}$ に対

応し，座標は $\left(\dfrac{3}{2}, \dfrac{3\sqrt{3}}{2}\right)$．

点 S は $\theta = \pi$ に対応し，座標は $(-3, 0)$,

点 T は $\theta = \dfrac{5\pi}{3}$ に対応し，座標は

$\left(\dfrac{3}{2}, -\dfrac{3\sqrt{3}}{2}\right)$

(4) x 軸の上側の部分の曲線と x 軸とで囲まれた図形の面積を 2 倍すればよい．したがって，

$S = 2\left(\displaystyle\int_{-3}^{\frac{3}{2}} y\,dx - \int_{1}^{\frac{3}{2}} y\,dx\right)$

$= 2\displaystyle\int_{\pi}^{\frac{\pi}{3}} (2\sin\theta + \sin 2\theta)(-2\sin\theta + 2\sin 2\theta)\,d\theta$

$- 2\displaystyle\int_{0}^{\frac{\pi}{3}} (2\sin\theta + \sin 2\theta)(-2\sin\theta + 2\sin 2\theta)\,d\theta$

$$=4\int_{\frac{\pi}{3}}^{\pi}(2\sin\theta+\sin2\theta)(\sin\theta-\sin2\theta)\,d\theta$$

$$+4\int_{0}^{\frac{\pi}{3}}(2\sin\theta+\sin2\theta)(\sin\theta-\sin2\theta)\,d\theta$$

$$=4\int_{0}^{\pi}(2\sin\theta+\sin2\theta)(\sin\theta-\sin2\theta)\,d\theta$$

$$=4\int_{0}^{\pi}(2\sin^2\theta-\sin\theta\sin2\theta-\sin^2 2\theta)\,d\theta$$

$$=4\int_{0}^{\pi}\left\{1-\cos2\theta+\frac{1}{2}(\cos3\theta-\cos\theta)\right.$$
$$\left.-\frac{1}{2}(1-\cos4\theta)\right\}d\theta$$

$$=4\left[\frac{1}{2}\theta-\frac{1}{2}\sin2\theta+\frac{1}{6}\sin3\theta\right.$$
$$\left.-\frac{1}{2}\sin\theta+\frac{1}{8}\sin4\theta\right]_{0}^{\pi}$$

$$=2\pi$$

1.32 $0\leqq t\leqq\dfrac{\pi}{2}$ において $y=-t\cos t\leqq 0$
で，$y=0$ のとき，$t=0,\dfrac{\pi}{2}$ となる．$t=0$
のとき $x=0$，$t=\dfrac{\pi}{2}$ のとき $x=\pi$ となり，
さらに $\dfrac{dx}{dt}=\pi\cos t$ であるので，

$$S=\int_{0}^{\pi}(-y)\,dx=\int_{0}^{\frac{\pi}{2}}t\cos t\cdot\pi\cos t\,dt$$

$$=\pi\int_{0}^{\frac{\pi}{2}}t\cos^2 t\,dt$$

$$=\frac{\pi}{2}\int_{0}^{\frac{\pi}{2}}t(\cos2t+1)\,dt$$

$$=\frac{\pi}{2}\left\{\left[\frac{t}{2}\sin2t\right]_{0}^{\frac{\pi}{2}}\right.$$
$$\left.-\int_{0}^{\frac{\pi}{2}}\frac{1}{2}\sin2t\,dt+\left[\frac{t^2}{2}\right]_{0}^{\frac{\pi}{2}}\right\}$$

$$=\frac{\pi}{2}\left\{\left[\frac{1}{4}\cos2t\right]_{0}^{\frac{\pi}{2}}+\frac{\pi^2}{8}\right\}$$

$$=\frac{\pi^3}{16}-\frac{\pi}{4}$$

1.33 (1)

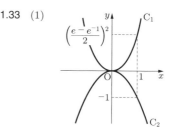

(2) 3 つの部分に分けて，それぞれの長さを求
める．曲線 C_1 の部分の長さを L_1 とすると，

$$1+(y')^2=1+\left(\frac{e^{2x}-e^{-2x}}{2}\right)^2$$
$$=\left(\frac{e^{2x}+e^{-2x}}{2}\right)^2$$

であるから

$$L_1=\int_{0}^{1}\sqrt{1+(y')^2}\,dx$$

$$=\int_{0}^{1}\frac{e^{2x}+e^{-2x}}{2}\,dx=\frac{e^2-e^{-2}}{4}$$

である．曲線 C_2 の部分の長さを L_2 とす
ると，

$$L_2=\int_{0}^{1}\sqrt{1+(y')^2}\,dx=\int_{0}^{1}\sqrt{1+4x^2}\,dx$$

$$=\frac{1}{4}\left\{2\sqrt{5}+\log\left(2+\sqrt{5}\right)\right\}$$

である．直線 $x=1$ の部分の長さを L_3 とす
ると，

$$L_3=\left(\frac{e-e^{-1}}{2}\right)^2+1=\frac{e^2+e^{-2}+2}{4}$$

である．したがって，求める周の長さは次の
ようになる．

$$L=L_1+L_2+L_3$$

$$=\frac{e^2+\sqrt{5}+1}{2}+\frac{1}{4}\log(2+\sqrt{5})$$

1.34 (1) $x=r\cos\theta,y=r\sin\theta$ を代入する
と，$r^6=4r^4(\cos^2\theta-\sin^2\theta)^2$ より，求める
極方程式は $r^2=4\cos^2 2\theta$
(2) $-\dfrac{\pi}{4}\leqq\theta\leqq\dfrac{\pi}{4}$ において $\cos2\theta\geqq 0$ な
ので，この範囲では，極方程式は $r=2\cos2\theta$
となる．$2\cos2(-\theta)=2\cos2\theta$ なので，こ

の曲線は x 軸に関して対称で，$\theta = 0$ のとき r は最大値 2 となり，$\theta = \pm\dfrac{\pi}{4}$ のとき $r = 0$ となる．したがって，グラフは右図のようになる．

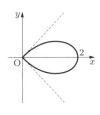

(3) $r^2 = 4\cos^2 2\theta = 2(1 + \cos 4\theta)$ となるので，

$$S = 2 \cdot \frac{1}{2}\int_0^{\frac{\pi}{4}} r^2\, d\theta$$

$$= 2\int_0^{\frac{\pi}{4}} (1 + \cos 4\theta)\, d\theta$$

$$= 2\left[\theta + \frac{1}{4}\sin 4\theta\right]_0^{\frac{\pi}{4}} = \frac{\pi}{2}$$

1.35 (1) $x = r\cos\theta = 2\sin\theta\cos\theta = \sin 2\theta$，$y = r\sin\theta = 2\sin^2\theta = 1 - \cos 2\theta$ より，媒介変数表示は $\begin{cases} x = \sin 2\theta \\ y = 1 - \cos 2\theta \end{cases}$

(2) $\dfrac{dx}{d\theta} = 2\cos 2\theta,\ \dfrac{dy}{d\theta} = 2\sin 2\theta$ であるから，$\dfrac{dy}{dx} = \dfrac{2\sin 2\theta}{2\cos 2\theta} = \tan 2\theta$，

$\dfrac{d^2y}{dx^2} = \dfrac{d}{d\theta}(\tan 2\theta) \cdot \dfrac{1}{2\cos 2\theta} = \dfrac{2}{\cos^2 2\theta} \cdot \dfrac{1}{2\cos 2\theta} = \dfrac{1}{\cos^3 2\theta}$

(3) $\theta = \dfrac{\pi}{6}$ に対応する点の座標は $\left(\dfrac{\sqrt{3}}{2}, \dfrac{1}{2}\right)$ で，この点における接線の傾きは $\tan\dfrac{\pi}{3} = \sqrt{3}$ である．よって，接線の方程式は $y = \sqrt{3}\left(x - \dfrac{\sqrt{3}}{2}\right) + \dfrac{1}{2}$ より，$\sqrt{3}x - y = 1$ となる．$x = r\cos\theta,\ y = r\sin\theta$ を代入すると，$r\left(\sqrt{3}\cos\theta - \sin\theta\right) = 1$ となる．これは合成により $\sqrt{3}\cos\theta - \sin\theta = 2\sin\left(\theta + \dfrac{2\pi}{3}\right)$ となるので，求める極方程式は $r = \dfrac{1}{2\sin\left(\theta + \dfrac{2\pi}{3}\right)}$

第2節　関数の極限と積分法

2.1 (1) 3　(2) 2　(3) 1　(4) 1

(5) $\dfrac{1}{2}$　(6) 0　(7) 0　(8) 0

2.2 (1) $x = 0$ のとき極大値 $y = 1$，

$\displaystyle\lim_{x\to-\infty}(x+1)e^{-x} = -\infty,\ \lim_{x\to\infty}(x+1)e^{-x} = 0$

x	$\cdots$	0	$\cdots$
y'	$+$	0	$-$
y	$\nearrow$	1	$\searrow$

(2) $x = \dfrac{1}{\sqrt{e}}$ のとき極小値 $y = -\dfrac{1}{2e}$

$\displaystyle\lim_{x\to+0} x^2\log x = 0,\ \lim_{x\to\infty} x^2\log x = \infty$

x	0	$\cdots$	$\dfrac{1}{\sqrt{e}}$	$\cdots$
y'		$-$	0	$+$
y		$\searrow$	$-\dfrac{1}{2e}$	$\nearrow$

2.3 (1) 3　(2) 存在しない　(3) 4

(4) $\dfrac{\pi}{4}$

2.4 (1) 存在しない　(2) 1

(3) 存在しない　(4) $\dfrac{\pi}{6}$

2.5 (1) $-\dfrac{1}{9}$　(2) $\dfrac{1}{9}$

2.6 $\dfrac{0}{0}$ や $\dfrac{\infty}{\infty}$ の不定形であることを確認してからロピタルの定理を利用する．

(1) $\dfrac{0}{0}$ の不定形である．

$$与式 = \lim_{x\to 0}\frac{(\tan^{-1}3x)'}{(x)'}$$

$$= \lim_{x\to 0}\frac{\dfrac{3}{1+9x^2}}{1} = 3$$

(2) $\dfrac{0}{0}$ の不定形である．

$$与式 = \lim_{x\to 0}\frac{(x - \tan x)'}{(x^3)'}$$

$$= \lim_{x\to 0}\frac{1 - \dfrac{1}{\cos^2 x}}{3x^2} \qquad \left[\dfrac{0}{0}\ \text{の不定形}\right]$$

$$= \lim_{x \to 0} \frac{-\dfrac{2\sin x}{\cos^3 x}}{6x} = \lim_{x \to 0} \frac{-\sin x}{3x\cos^3 x}$$

$$\left[\frac{0}{0}\text{ の不定形}\right]$$

$$= \lim_{x \to 0} \frac{-\cos x}{3\cos^3 x - 9x\cos^2 x \sin x} = -\frac{1}{3}$$

(3) $\dfrac{0}{0}$ の不定形である.

$$\text{与式} = \lim_{x \to 0} \frac{(x - \sin^{-1} x)'}{(x^3)'}$$

$$= \lim_{x \to 0} \frac{1 - \dfrac{1}{\sqrt{1 - x^2}}}{3x^2} \quad \left[\frac{0}{0}\text{ の不定形}\right]$$

$$= \lim_{x \to 0} \frac{-\dfrac{x}{\sqrt{(1 - x^2)^3}}}{6x}$$

$$= \lim_{x \to 0} \frac{-1}{6\sqrt{(1 - x^2)^3}} = -\frac{1}{6}$$

(4) $\dfrac{\log x + \sin x}{x} = \dfrac{\log x}{x} + \dfrac{\sin x}{x}$ と分け
て考える.
ロピタルの定理により,

$$\lim_{x \to \infty} \frac{\log x}{x} \quad \left[\frac{\infty}{\infty}\text{ の不定形}\right]$$

$$= \lim_{x \to \infty} \frac{\dfrac{1}{x}}{1} = 0 \text{ である. また,}$$

$$-\frac{1}{x} \leqq \frac{\sin x}{x} \leqq \frac{1}{x} \text{ であり } \pm\frac{1}{x} \to 0$$

$(x \to \infty)$ であるので, はさみうちの原理
(微分積分 1 問題集 Q5.24 参照) により,
$\displaystyle\lim_{x \to \infty} \frac{\sin x}{x} = 0$ である. したがって, 求
める極限値は 0 である.

2.7 奇関数であることに注意する.

$$y' = -(x + 1)(x - 1)e^{-\frac{x^2}{2}},$$

$$\lim_{x \to \pm\infty} xe^{-\frac{x^2}{2}} = 0$$

x	$-\infty$	$\cdots$	-1	$\cdots$	1	$\cdots$	∞
y'		$-$	0	$+$	0	$-$	
y	0	$\searrow$	$-\dfrac{1}{\sqrt{e}}$	$\nearrow$	$\dfrac{1}{\sqrt{e}}$	$\searrow$	0

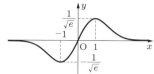

漸近線は x 軸である.

2.8　対数をとってロピタルの定理を利用する.

(1) $\displaystyle\lim_{x \to +0} \log x^{1 - \cos x}$

$$= \lim_{x \to +0} (1 - \cos x) \log x$$

$$= \lim_{x \to +0} \frac{\log x}{\dfrac{1}{1 - \cos x}} \quad \left[\frac{0}{0}\text{ の不定形}\right]$$

$$= \lim_{x \to +0} \frac{\dfrac{1}{x}}{-\dfrac{\sin x}{(1 - \cos x)^2}}$$

$$= -\lim_{x \to +0} \frac{(1 - \cos x)^2}{x \sin x} \quad \left[\frac{0}{0}\text{ の不定形}\right]$$

$$= -\lim_{x \to +0} \frac{2(1 - \cos x) \sin x}{\sin x + x \cos x} \quad \left[\frac{0}{0}\text{ の不定形}\right]$$

$$= -\lim_{x \to +0} \frac{2\sin^2 x + 2(1 - \cos x) \cos x}{\cos x + \cos x - x \sin x}$$

$$= 0$$

したがって, $\displaystyle\lim_{x \to +0} x^{1 - \cos x} = e^0 = 1$

(2) $\displaystyle\lim_{x \to +0} \log(\cos x)^{\frac{1}{x^2}}$

$$= \lim_{x \to +0} \frac{\log(\cos x)}{x^2} \quad \left[\frac{0}{0}\text{ の不定形}\right]$$

$$= \lim_{x \to +0} \frac{-\dfrac{\sin x}{\cos x}}{2x}$$

$$= -\lim_{x \to +0} \frac{\sin x}{x} \cdot \frac{1}{2\cos x} = -\frac{1}{2}$$

したがって, $\displaystyle\lim_{x \to +0} (\cos x)^{\frac{1}{x^2}} = e^{-\frac{1}{2}} = \frac{1}{\sqrt{e}}$

2.9　(1) $\displaystyle\int_0^\infty \frac{x}{x^2 + 4}\,dx$

$$= \frac{1}{2} \lim_{M \to \infty} \int_0^M \frac{(x^2 + 4)'}{x^2 + 4}\,dx$$

$$= \frac{1}{2} \lim_{M \to \infty} \left[\log(x^2 + 4)\right]_0^M = \infty$$

よって, 存在しない.

(2) $\displaystyle\int_{-\infty}^0 \frac{e^x}{1 + e^x}\,dx$

$$= \lim_{N \to \infty} \int_{-N}^0 \frac{(1+e^x)'}{1+e^x}\,dx$$

$$= \lim_{N \to \infty} \left[\log(1+e^x) \right]_{-N}^0 = \log 2$$

(3) $\displaystyle \int_0^\infty xe^{-x^2}\,dx = \lim_{M \to \infty} \int_0^M xe^{-x^2}\,dx$

$$= \lim_{M \to \infty} \left[-\frac{1}{2}e^{-x^2} \right]_0^M = \frac{1}{2}$$

(4) $\displaystyle \int_{-\infty}^0 xe^{2x}\,dx = \lim_{M \to \infty} \int_{-M}^0 xe^{2x}\,dx$

$$= \lim_{M \to \infty} \left(\left[\frac{1}{2}xe^{2x} \right]_{-M}^0 - \int_{-M}^0 e^{2x}\,dx \right)$$

$$= \lim_{M \to \infty} \left(\frac{1}{2}\frac{M}{e^{2M}} - \frac{1}{4}\left[e^{2x} \right]_{-M}^0 \right)$$

$$= \frac{1}{2}\lim_{M \to \infty} \frac{M}{e^{2M}} - \frac{1}{4}$$

ここで，$\displaystyle \lim_{M \to \infty} \frac{M}{e^{2M}}$ は $\dfrac{\infty}{\infty}$ の不定形である
から，ロピタルの定理より，

$$\lim_{M \to \infty} \frac{M}{e^{2M}} = \lim_{M \to \infty} \frac{(M)'}{(e^{2M})'} = \lim_{M \to \infty} \frac{1}{2e^{2M}}$$
$$= 0$$

となる．したがって，$\displaystyle \int_{-\infty}^0 xe^{2x}\,dx = -\frac{1}{4}$

(5) $\displaystyle \int_0^2 \frac{2x}{\sqrt{4-x^2}}\,dx$

$$= -\lim_{\varepsilon \to +0} \int_0^{2-\varepsilon} \left(4-x^2\right)^{-\frac{1}{2}} \left(4-x^2\right)'\,dx$$

$$= -\lim_{\varepsilon \to +0} \left[2\sqrt{4-x^2} \right]_0^{2-\varepsilon} = 4$$

(6) $t = e^x$ とおくと，$dt = e^x dx$ で，$x = 0$
のとき $t = 1$，$x \to \infty$ のとき $t \to \infty$ である
ので，

$$\int_0^\infty \frac{e^x}{1+e^{2x}}\,dx = \int_1^\infty \frac{1}{1+t^2}\,dt$$

$$= \lim_{M \to \infty} \left[\tan^{-1} t \right]_1^M$$

$$= \lim_{M \to \infty} \left(\tan^{-1} M - \tan^{-1} 1 \right)$$

$$= \frac{\pi}{2} - \frac{\pi}{4} = \frac{\pi}{4}$$

2.10 (1) $\displaystyle \int_2^\infty \frac{1}{x^2+2x+4}\,dx$

$$= \lim_{M \to \infty} \int_2^M \frac{1}{(x+1)^2+3}\,dx$$

$$= \lim_{M \to \infty} \left[\frac{1}{\sqrt{3}} \tan^{-1} \frac{x+1}{\sqrt{3}} \right]_2^M$$

$$= \frac{1}{\sqrt{3}} \left(\frac{\pi}{2} - \frac{\pi}{3} \right) = \frac{\sqrt{3}}{18}\pi$$

(2) $\displaystyle \int_a^\infty \frac{1}{x(a+x)}\,dx$

$$= \lim_{M \to \infty} \int_a^M \frac{1}{a}\left(\frac{1}{x} - \frac{1}{a+x} \right)\,dx$$

$$= \lim_{M \to \infty} \left[\frac{1}{a} \log \left| \frac{x}{a+x} \right| \right]_a^M$$

$$= \frac{1}{a}\left(\log 1 - \log \frac{1}{2} \right) = \frac{\log 2}{a}$$

(3) $a \neq b$ より，

$$\frac{1}{(x^2+a^2)(x^2+b^2)}$$
$$= \frac{1}{b^2-a^2}\left(\frac{1}{x^2+a^2} - \frac{1}{x^2+b^2} \right)$$

であるから，

$$\int_0^\infty \frac{1}{(x^2+a^2)(x^2+b^2)}\,dx$$

$$= \frac{1}{b^2-a^2}$$

$$\times \lim_{M \to \infty} \int_0^M \left(\frac{1}{x^2+a^2} - \frac{1}{x^2+b^2} \right)\,dx$$

$$= \frac{1}{b^2-a^2}$$

$$\times \lim_{M \to \infty} \left[\frac{1}{a} \tan^{-1} \frac{x}{a} - \frac{1}{b} \tan^{-1} \frac{x}{b} \right]_0^M$$

$$= \frac{1}{b^2-a^2}\left(\frac{1}{a} - \frac{1}{b} \right)\frac{\pi}{2}$$

$$= \frac{\pi}{2ab(a+b)}$$

(4) $-1 < c < 1$ とすると，

$$\int_{-1}^1 \frac{1}{\sqrt{1-x^2}}\,dx$$

$$= \int_{-1}^c \frac{1}{\sqrt{1-x^2}}\,dx + \int_c^1 \frac{1}{\sqrt{1-x^2}}\,dx$$

$$= \lim_{\varepsilon_1 \to +0} \int_{-1+\varepsilon_1}^{c} \frac{1}{\sqrt{1-x^2}}\, dx$$

$$+ \lim_{\varepsilon_2 \to +0} \int_{c}^{1-\varepsilon_2} \frac{1}{\sqrt{1-x^2}}\, dx$$

$$= \lim_{\varepsilon_1 \to +0} \left[\sin^{-1} x \right]_{-1+\varepsilon_1}^{c}$$

$$+ \lim_{\varepsilon_2 \to +0} \left[\sin^{-1} x \right]_{c}^{1-\varepsilon_2}$$

$$= \lim_{\varepsilon_1 \to +0} \left\{ \sin^{-1} c - \sin^{-1}(-1+\varepsilon_1) \right\}$$

$$+ \lim_{\varepsilon_2 \to +0} \left\{ \sin^{-1}(1-\varepsilon_2) - \sin^{-1} c \right\}$$

$$= \frac{\pi}{2} + \frac{\pi}{2} = \pi$$

[note] 解は次のように求めてもよい.

$$\int_{-1}^{1} \frac{1}{\sqrt{1-x^2}}\, dx = 2 \int_{0}^{1} \frac{1}{\sqrt{1-x^2}}\, dx$$

$$= 2 \left[\sin^{-1} x \right]_{0}^{1} = 2 \left(\sin^{-1} 1 - \sin^{-1} 0 \right)$$

$$= \pi$$

(5) $0 < c$ を満たす c について,

$$\int_{0}^{\infty} \frac{1}{x^2}\, dx$$

$$= \int_{0}^{c} \frac{1}{x^2}\, dx + \int_{c}^{\infty} \frac{1}{x^2}\, dx$$

$$= \lim_{\varepsilon \to +0} \int_{\varepsilon}^{c} \frac{1}{x^2}\, dx + \lim_{M \to \infty} \int_{c}^{M} \frac{1}{x^2}\, dx$$

$$= \lim_{\varepsilon \to +0} \left[-\frac{1}{x} \right]_{\varepsilon}^{c} + \lim_{M \to \infty} \left[-\frac{1}{x} \right]_{c}^{M} = \infty$$

よって, 存在しない.

(6) $1 < c < \infty$ を満たす c について,

$$\int_{1}^{\infty} \frac{1}{x \log x}\, dx$$

$$= \int_{1}^{c} \frac{1}{x \log x}\, dx + \int_{c}^{\infty} \frac{1}{x \log x}\, dx$$

$$= \lim_{\varepsilon \to +0} \int_{1+\varepsilon}^{c} \frac{1}{x \log x}\, dx$$

$$+ \lim_{M \to \infty} \int_{c}^{M} \frac{1}{x \log x}\, dx$$

$$= \lim_{\varepsilon \to +0} \int_{1+\varepsilon}^{c} \frac{(\log x)'}{\log x}\, dx$$

$$+ \lim_{M \to \infty} \int_{c}^{M} \frac{(\log x)'}{\log x}\, dx$$

$$= \lim_{\varepsilon \to +0} \left[\log |\log x| \right]_{1+\varepsilon}^{c}$$

$$+ \lim_{M \to \infty} \left[\log |\log x| \right]_{c}^{M}$$

$$= \lim_{\varepsilon \to +0} \left\{ \log |\log c| - \log |\log(1+\varepsilon)| \right\}$$

$$+ \lim_{M \to \infty} \left\{ \log |\log M| - \log |\log c| \right\}$$

$$= \infty$$

よって, 存在しない.

2.11 (1) $\log x = t$ とおくと, $\dfrac{1}{x}\, dx = dt$ で, $x = 1$ のとき $t = 0$, $x = 2$ のとき $t = \log 2$ であるから, $\displaystyle\int_{1}^{2} \frac{1}{x (\log x)^p}\, dx = \int_{0}^{\log 2} \frac{1}{t^p}\, dt$

(i) $p = 1$ のとき

$$\int_{0}^{\log 2} \frac{1}{t}\, dt = \lim_{\varepsilon \to +0} \int_{\varepsilon}^{\log 2} \frac{1}{t}\, dt$$

$$= \lim_{\varepsilon \to +0} \left[\log |t| \right]_{\varepsilon}^{\log 2}$$

$$= \log(\log 2) - \lim_{\varepsilon \to +0} \log \varepsilon = \infty$$

(ii) $p \neq 1$ のとき

$$\int_{0}^{\log 2} \frac{1}{t^p}\, dt = \lim_{\varepsilon \to +0} \int_{\varepsilon}^{\log 2} \frac{1}{t^p}\, dt$$

$$= \lim_{\varepsilon \to +0} \left[\frac{1}{1-p} t^{1-p} \right]_{\varepsilon}^{\log 2}$$

$$= \frac{(\log 2)^{1-p}}{1-p} - \lim_{\varepsilon \to +0} \frac{\varepsilon^{1-p}}{1-p}$$

$$= \begin{cases} \dfrac{(\log 2)^{1-p}}{1-p} & (0 < p < 1 \text{ のとき}) \\ \infty & (1 < p \text{ のとき}) \end{cases}$$

したがって, $0 < p < 1$ のとき収束し, 広義積分は $\dfrac{(\log 2)^{1-p}}{1-p}$ である.

(2) $\log x = t$ とおくと，$\dfrac{1}{x}\,dx = dt$ で，$x = 2$ のとき $t = \log 2$，$x \to \infty$ のとき $t \to \infty$ であるから，$\displaystyle\int_2^\infty \dfrac{1}{x(\log x)^p}\,dx = \int_{\log 2}^\infty \dfrac{1}{t^p}\,dt$

(ⅰ) $p = 1$ のとき

$$
\begin{aligned}
\int_{\log 2}^\infty \frac{1}{t}\,dt &= \lim_{M \to \infty} \int_{\log 2}^M \frac{1}{t}\,dt \\
&= \lim_{M \to \infty} \Big[\, \log|t| \,\Big]_{\log 2}^M \\
&= \lim_{M \to \infty} \log M - \log(\log 2) \\
&= \infty
\end{aligned}
$$

(ⅱ) $p \neq 1$ のとき

$$
\begin{aligned}
\int_{\log 2}^\infty \frac{1}{t^p}\,dt &= \lim_{M \to \infty} \int_{\log 2}^M \frac{1}{t^p}\,dt \\
&= \lim_{M \to \infty} \Big[\, \frac{1}{1-p} t^{1-p} \,\Big]_{\log 2}^M \\
&= \lim_{M \to \infty} \frac{M^{1-p}}{1-p} - \frac{(\log 2)^{1-p}}{1-p} \\
&= \begin{cases} \infty & (0 < p < 1 \text{ のとき}) \\[2mm] \dfrac{(\log 2)^{1-p}}{p-1} & (1 < p \text{ のとき}) \end{cases}
\end{aligned}
$$

したがって，$1 < p$ のとき収束し，広義積分は $\dfrac{(\log 2)^{1-p}}{p-1}$

2.12 (1) 部分積分により，

$$
\begin{aligned}
\int_0^1 x^n \log x\,dx &= \lim_{\varepsilon \to +0} \Big[\, \frac{x^{n+1}}{n+1} \log x \,\Big]_\varepsilon^1 \\
&\quad - \int_0^1 \frac{x^{n+1}}{n+1} \cdot \frac{1}{x}\,dx \\
&= -\lim_{\varepsilon \to +0} \frac{1}{n+1} \cdot \frac{\log \varepsilon}{\frac{1}{\varepsilon^{n+1}}} \\
&\quad - \frac{1}{n+1} \int_0^1 x^n\,dx
\end{aligned}
$$

$\displaystyle\lim_{\varepsilon \to +0} \dfrac{\log \varepsilon}{\frac{1}{\varepsilon^{n+1}}}$ は $\dfrac{\infty}{\infty}$ の不定形なので，

$$
\begin{aligned}
\lim_{\varepsilon \to +0} \frac{(\log \varepsilon)'}{\left(\frac{1}{\varepsilon^{n+1}}\right)'} &= \lim_{\varepsilon \to +0} \frac{\frac{1}{\varepsilon}}{\frac{-n-1}{\varepsilon^{n+2}}} \\
&= \lim_{\varepsilon \to +0} \frac{\varepsilon^{n+1}}{-n-1} = 0
\end{aligned}
$$

より，与式 $= -\dfrac{1}{n+1} \Big[\, \dfrac{1}{n+1} x^{n+1} \,\Big]_0^1 = -\dfrac{1}{(n+1)^2}$

(2) $I_n = \displaystyle\int_0^1 (\log x)^n\,dx$ とおく．部分積分により，

$$
\begin{aligned}
I_n &= \lim_{\varepsilon \to +0} \int_\varepsilon^1 x'(\log x)^n\,dx \\
&= \lim_{\varepsilon \to +0} \Big\{ \Big[\, x(\log x)^n \,\Big]_\varepsilon^1 \\
&\qquad - \int_\varepsilon^1 x \cdot n(\log x)^{n-1} \cdot \frac{1}{x}\,dx \Big\} \\
&= \lim_{\varepsilon \to +0} \Big\{ -\frac{(\log \varepsilon)^n}{\frac{1}{\varepsilon}} - n \int_\varepsilon^1 (\log x)^{n-1}\,dx \Big\}
\end{aligned}
$$

となる．ここで，$\displaystyle\lim_{\varepsilon \to +0} \dfrac{(\log \varepsilon)^n}{\frac{1}{\varepsilon}}$ は $\dfrac{\infty}{\infty}$ の不定形であり，

$$
\begin{aligned}
\lim_{\varepsilon \to +0} \frac{\{(\log \varepsilon)^n\}'}{\left(\frac{1}{\varepsilon}\right)'} &= \lim_{\varepsilon \to +0} \frac{\frac{n}{\varepsilon}(\log \varepsilon)^{n-1}}{-\frac{1}{\varepsilon^2}} \\
&= \lim_{\varepsilon \to +0} \frac{-n(\log \varepsilon)^{n-1}}{\frac{1}{\varepsilon}}
\end{aligned}
$$

となるが，これもまた $\dfrac{\infty}{\infty}$ の不定形である．同様の計算を分子が定数になるまで繰り返すと，$\displaystyle\lim_{\varepsilon \to +0} \dfrac{n!(-1)^n}{\frac{1}{\varepsilon}} = \lim_{\varepsilon \to +0} n!(-1)^n \varepsilon = 0$ となるので，$I_n = -nI_{n-1}$ となる．$I_1 = \displaystyle\int_0^1 \log x\,dx = -1$ であるから，求める定積分は次のように表される．

$$
I_n = (-n)I_{n-1}
$$

$$= (-n)\{-(n-1)\}I_{n-2}$$
$$= \cdots = (-n)\{-(n-1)\}\cdots(-2)I_1$$
$$= (-1)^n n!$$

2.13 (1) $\displaystyle\lim_{x\to\infty}\frac{x^n}{e^{2x}}$ は $\dfrac{\infty}{\infty}$ の不定形であり,

$\displaystyle\lim_{x\to\infty}\frac{(x^n)'}{(e^{2x})'} = \lim_{x\to\infty}\frac{nx^{n-1}}{2e^{2x}}$ となるが, こ

れもまた $\dfrac{\infty}{\infty}$ の不定形である. 同様の計算を

分子が定数になるまで繰り返すと,

$\displaystyle\lim_{x\to\infty}\frac{n!}{2^n e^{2x}} = 0$ となるので, $\displaystyle\lim_{x\to\infty}\frac{x^n}{e^{2x}} = 0$

(2) $x^2(\log|x|)^n = \dfrac{(\log|x|)^n}{\dfrac{1}{x^2}}$ となるので,

これは $x\to 0$ のとき $\dfrac{\infty}{\infty}$ の不定形である.

さらに,

$$\lim_{x\to 0}\frac{\{(\log|x|)^n\}'}{\left(\dfrac{1}{x^2}\right)'} = \lim_{x\to 0}\frac{n(\log|x|)^{n-1}\cdot\dfrac{1}{x}}{-\dfrac{2}{x^3}}$$

$$= \lim_{x\to 0}\frac{n(\log|x|)^{n-1}}{-\dfrac{2}{x^2}}$$ となり, これもまた

$x\to 0$ のとき $\dfrac{\infty}{\infty}$ の不定形である. 同様

の計算を分子が定数になるまで繰り返すと,

$\displaystyle\lim_{x\to 0}\frac{n!}{\dfrac{(-2)^n}{x^2}} = \lim_{x\to 0}\frac{n!x^2}{(-2)^n} = 0$ となる.

したがって, $\displaystyle\lim_{x\to 0}x^2(\log|x|)^n = 0$

2.14 (1) $(2^x)' = 2^x\log 2$ であるから,

$$f'(x) = \frac{2^x - x\cdot 2^x\log 2}{(2^x)^2}$$
$$= \frac{1 - x\log 2}{2^x},$$
$$f''(x) = \frac{-\log 2\cdot 2^x - (1 - x\log 2)\cdot 2^x\log 2}{(2^x)^2}$$
$$= \frac{(x\log 2 - 2)\log 2}{2^x}$$

(2) $f'(x) = 0$ となる値は $x = \dfrac{1}{\log 2}$ で,

$f''(x) = 0$ となる値は, $x = \dfrac{2}{\log 2}$ である.

$$\lim_{x\to\infty}\frac{x}{2^x} = \lim_{x\to\infty}\frac{(x)'}{(2^x)'} = \lim_{x\to\infty}\frac{1}{2^x\log 2} = 0$$

であるから, x 軸は漸近線である. 一般に,
$a > 0$ に対して $a^x = e^{\log a^x} = e^{x\log a}$ が成り
立つから, $2^{\frac{1}{\log 2}} = e^{\frac{1}{\log 2}\log 2} = e$ であるので,

$$f\left(\frac{1}{\log 2}\right) = \frac{\dfrac{1}{\log 2}}{2^{\frac{1}{\log 2}}} = \frac{1}{e\log 2}$$

$$f\left(\frac{2}{\log 2}\right) = \frac{\dfrac{2}{\log 2}}{\left(2^{\frac{1}{\log 2}}\right)^2} = \frac{2}{e^2\log 2}$$

である. したがって, 増減表は次のように
なる.

x	0	$\cdots$	$\dfrac{1}{\log 2}$	$\cdots$	$\dfrac{2}{\log 2}$	$\cdots$
$f'(x)$		$+$	0	$-$	$-$	$-$
$f''(x)$		$-$	$-$	$-$	0	$+$
$f(x)$	0	$\nearrow$	$\dfrac{1}{e\log 2}$	$\searrow$	$\dfrac{2}{e^2\log 2}$	$\searrow$
			(極大)		(変曲点)	

$x = \dfrac{1}{\log 2}$ のとき極大値 $y = \dfrac{1}{e\log 2}$ をとる.

変曲点は $\left(\dfrac{2}{\log 2}, \dfrac{2}{e^2\log 2}\right)$ である. よって,

グラフは次のようになる.

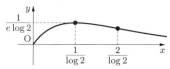

2.15 $f'(x) = 5(x^2 - 4x + 2)e^{-x}$ であるから,
$f'(x) = 0$ となるのは $x = 2\pm\sqrt{2}$ のときで
ある. ロピタルの定理を利用すると,

$$\lim_{x\to\infty}f(x) = \lim_{x\to\infty}\frac{5(2x - x^2)}{e^x}$$

$$\left[\frac{\infty}{\infty} \text{ の不定形}\right]$$

$$= \lim_{x\to\infty}\frac{5(2 - 2x)}{e^x}$$

$$\left[\frac{\infty}{\infty} \text{ の不定形}\right]$$

$$= -\lim_{x\to\infty}\frac{10}{e^x} = 0$$

であるので, 増減表は次のようになる.

x	0	$\cdots$	$2-\sqrt{2}$	$\cdots$	$2+\sqrt{2}$	$\cdots$	∞
$f'(x)$		$+$	0	$-$	0	$+$	
$f(x)$	0	$\nearrow$	$10(\sqrt{2}-1)$ $\times e^{\sqrt{2}-2}$ (極大)	$\searrow$	$-10(\sqrt{2}+1)$ $\times e^{-\sqrt{2}-2}$ (極小)	$\nearrow$	0

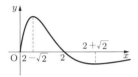

$x = 2-\sqrt{2}$ のとき極大値

$f(2-\sqrt{2}) = 10(\sqrt{2}-1)e^{\sqrt{2}-2}$,

$x = 2+\sqrt{2}$ のとき極小値

$f(2+\sqrt{2}) = -10(\sqrt{2}+1)e^{-\sqrt{2}-2}$ をとる.

2.16 $\displaystyle\int_2^\infty \frac{\log x}{(x-1)^2}\,dx$

$\displaystyle= \lim_{M\to\infty}\int_2^M \frac{\log x}{(x-1)^2}\,dx$

$\displaystyle= \lim_{M\to\infty}\left\{\left[-\frac{1}{x-1}\cdot\log x\right]_2^M\right.$

$\displaystyle\left.\qquad -\int_2^M\left(-\frac{1}{x-1}\right)\cdot\frac{1}{x}\,dx\right\}$

$\displaystyle= \lim_{M\to\infty}\left\{-\frac{\log M}{M-1}-(-\log 2)\right.$

$\displaystyle\left.\qquad +\int_2^M\left(\frac{1}{x-1}-\frac{1}{x}\right)\,dx\right\}$

となる. ここで, $\displaystyle\lim_{M\to\infty}\frac{\log M}{M-1}$ は $\dfrac{\infty}{\infty}$ の不

定形で, $\displaystyle\lim_{M\to\infty}\frac{(\log M)'}{(M-1)'}=\lim_{M\to\infty}\frac{1}{M}=0$

となるので,

与式 $\displaystyle=\log 2+\lim_{M\to\infty}\Big[\log|x-1|-\log|x|\Big]_2^M$

$\displaystyle=\log 2+\lim_{M\to\infty}\log\left|\frac{M-1}{M}\right|-\log\frac{1}{2}$

$\displaystyle=\log 2+\lim_{M\to\infty}\log\left|1-\frac{1}{M}\right|+\log 2$

$\displaystyle=2\log 2$

2.17 (1) $t = x - \dfrac{2}{x}$ より $dt = \left(1+\dfrac{2}{x^2}\right)dx$,

また, $t^2 = x^2 - 4 + \dfrac{4}{x^2}$ より

$x^2 - 3 + \dfrac{4}{x^2} = t^2 + 1$ となる.

$$\lim_{x\to+0}\left(x-\frac{2}{x}\right) = -\infty,$$

$$\lim_{x\to\infty}\left(x-\frac{2}{x}\right) = \infty$$

であることに注意すると,

$$\int_0^\infty \frac{2+x^2}{4-3x^2+x^4}\,dx$$

$$=\int_0^\infty \frac{\dfrac{2}{x^2}+1}{\dfrac{4}{x^2}-3+x^2}\,dx$$

$$=\int_{-\infty}^\infty \frac{dt}{t^2+1} = \pi$$

(2) $t = \sqrt{x^2-4}$ より $dt = \dfrac{x}{\sqrt{x^2-4}}\,dx$ で,

$t^2 = x^2-4$ より $x^2+2 = t^2+6$ となる.

$x = 2$ のとき $t = 0$ であり, $x\to\infty$ のとき

$t\to\infty$ であるから,

$$\int_2^\infty \frac{x}{(x^2+2)\sqrt{x^2-4}}\,dx = \int_0^\infty \frac{1}{t^2+6}\,dt$$

$$=\lim_{M\to\infty}\int_0^M \frac{1}{t^2+6}\,dt$$

$$=\lim_{M\to\infty}\frac{1}{\sqrt{6}}\left[\tan^{-1}\frac{t}{\sqrt{6}}\right]_0^M$$

$$=\frac{1}{\sqrt{6}}\lim_{M\to\infty}\tan^{-1}\frac{M}{\sqrt{6}} = \frac{1}{\sqrt{6}}\cdot\frac{\pi}{2}$$

$$=\frac{\sqrt{6}\pi}{12}$$

2.18 $t = 1+x^2$ とおくと, $dt = 2x\,dx$ で,

$x = 0$ のとき $t = 1$, $x\to\infty$ のとき $t\to\infty$

であるから,

$$I_n = \int_1^\infty \frac{1}{t^n}\frac{1}{2}\,dt = \frac{1}{2}\lim_{M\to\infty}\int_1^M \frac{1}{t^n}\,dt$$

(i) $n = 1$ のとき

$I_1 = \dfrac{1}{2}\displaystyle\lim_{M\to\infty}\Big[\log|t|\Big]_1^M = \dfrac{1}{2}\lim_{M\to\infty}\log M$

$= \infty$ となり, 広義積分は存在しない.

(ii) $n \geqq 2$ のとき

$$I_n = \frac{1}{2} \lim_{M \to \infty} \left[\frac{1}{1-n} t^{1-n} \right]_1^M$$

$$= \frac{1}{2(1-n)} \lim_{M \to \infty} \left(\frac{1}{M^{n-1}} - 1 \right)$$

$$= \frac{1}{2(n-1)}$$

したがって，$n \geqq 2$ のとき I_n は存在し，その値は $\dfrac{1}{2(n-1)}$ となる．

2.19 (1) $x \geqq 1$ より，$x^2 \geqq x$ であり，したがって $x^3 \geqq x^2 \geqq x$ となる．同様にして $x^n \geqq x$ が成り立つので，両辺を $\sqrt{x^2 + a^2} > 0$ で割ることにより，与えられた不等式が成り立つ．

(2) $n = 1$ のとき，

$$\int_1^\infty \frac{x}{\sqrt{x^2 + a^2}} \, dx$$

$$= \lim_{M \to \infty} \int_1^M \frac{x}{\sqrt{x^2 + a^2}} \, dx$$

$$= \lim_{M \to \infty} \left[\sqrt{x^2 + a^2} \right]_1^M$$

$$= \lim_{M \to \infty} \left(\sqrt{M^2 + a^2} - \sqrt{a^2 + 1} \right)$$

$$= \infty$$

となる．したがって，$n = 1$ のときの広義積分は存在しない．

$n \geqq 2$ のときは，(1) の結果より，

$$\int_1^\infty \frac{x^n}{\sqrt{x^2 + a^2}} \, dx \geqq \int_1^\infty \frac{x}{\sqrt{x^2 + a^2}} \, dx = \infty$$

であるから，$n \geqq 2$ のときの広義積分も存在しない．

2.20 (1) $I_n = \displaystyle\int_0^\infty x^{2n-1} \left(-\frac{1}{2} e^{-x^2} \right)' dx$

$$= \lim_{M \to \infty} \left\{ -\frac{1}{2} \left[x^{2n-1} e^{-x^2} \right]_0^M \right.$$

$$\left. + \frac{2n-1}{2} \int_0^M x^{2n-2} e^{-x^2} dx \right\}$$

$$= -\frac{1}{2} \lim_{M \to \infty} M^{2n-1} e^{-M^2}$$

$$+ \frac{2n-1}{2} \int_0^\infty x^{2n-2} e^{-x^2} dx$$

である．ここで，ロピタルの定理を利用すると

$$\lim_{M \to \infty} M^{2n-1} e^{-M^2}$$

$$= \lim_{M \to \infty} \frac{M^{2n-1}}{e^{M^2}} \qquad \left[\frac{\infty}{\infty} \text{ の不定形} \right]$$

$$= \lim_{M \to \infty} \frac{(2n-1) M^{2n-2}}{2M e^{M^2}} \qquad \left[\frac{\infty}{\infty} \text{ の不定形} \right]$$

$$= \frac{2n-1}{2} \lim_{M \to \infty} \frac{M^{2n-3}}{e^{M^2}} = \cdots$$

$$= \frac{2n-1}{2} \cdot \frac{2n-3}{2} \cdots \frac{1}{2} \lim_{M \to \infty} \frac{1}{M e^{M^2}}$$

$$= 0$$

となる．したがって，

$$I_n = \frac{2n-1}{2} \int_0^\infty x^{2(n-1)} e^{-x^2} dx$$

$$= \frac{2n-1}{2} I_{n-1}$$

(2) (1) の漸化式を利用すると，$n \geqq 1$ のとき，

$$I_n = \frac{2n-1}{2} \cdot I_{n-1}$$

$$= \frac{2n-1}{2} \cdot \frac{2n-3}{2} I_{n-2} = \cdots$$

$$= \frac{2n-1}{2} \cdot \frac{2n-3}{2} \cdot \frac{2n-5}{2}$$

$$\cdots \cdot \frac{1}{2} \cdot I_0$$

$$= \frac{1}{2^n} \cdot \frac{(2n-1)!}{(2n-2)(2n-4) \cdots \cdot 4 \cdot 2} \cdot \frac{\sqrt{\pi}}{2}$$

$$= \frac{\sqrt{\pi}(2n-1)!}{2^{2n}(n-1)!}$$

第 2 章　関数の展開

第 3 節　関数の展開

3.1 $y' = \sin x + x \cos x, \ y'' = 2 \cos x - x \sin x,$
$y''' = -3 \sin x - x \cos x,$
$y^{(4)} = -4 \cos x + x \sin x$

3.2 (1) $y^{(n)} = (-3)^n e^{-3x}$

(2) $y^{(n)} = \dfrac{2^n n!}{(1-2x)^{n+1}}$

3.3 (1) $r = \dfrac{1}{2}$，和は $\dfrac{1}{1-2x}$

(2) $r = 2$, 和は $\dfrac{2}{2+x}$

(3) $r = \dfrac{\sqrt{2}}{2}$, 和は $\dfrac{1}{1-2x^2}$

(4) $r = \sqrt{2}$, 和は $\dfrac{\sqrt{2}}{\sqrt{2}-x}$

3.4 (1) $r = \dfrac{1}{2}$　　(2) $r = \infty$

3.5 いずれも収束する範囲は $|x| < \dfrac{1}{2}$ である.

(1) $1 - 2x + 4x^2 - 8x^3 + \cdots$

(2) $1 - 4x + 12x^2 - 32x^3 + \cdots$

(3) $2x - 2x^2 + \dfrac{8}{3}x^3 - 4x^4 + \cdots$

3.6 (1) $1 - \dfrac{9}{2}x^2 + \dfrac{27}{8}x^4 - \cdots$

$\qquad + \dfrac{(-1)^n 3^{2n}}{(2n)!}x^{2n} + \cdots$

(2) $1 - x + \dfrac{x^2}{2} - \dfrac{x^3}{6} + \cdots + (-1)^n \dfrac{x^n}{n!} + \cdots$

(3) $3x - \dfrac{9}{2}x^3 + \dfrac{81}{40}x^5 - \cdots$

$\qquad + \dfrac{(-1)^n 3^{2n+1}}{(2n+1)!}x^{2n+1} + \cdots$

(4) $-x^2 - \dfrac{x^4}{2} - \dfrac{x^6}{3} - \dfrac{x^8}{4} - \cdots$

$\qquad - \dfrac{x^{2n+2}}{n+1} - \cdots$

3.7 (1) $\dfrac{1}{\sqrt{2}} + \dfrac{1}{\sqrt{2}}i$　　(2) $-i$

(3) $\dfrac{\sqrt{3}}{2} - \dfrac{1}{2}i$

3.8 (1) $\dfrac{1}{\sqrt{1+x}} \fallingdotseq 1 - \dfrac{x}{2} + \dfrac{3}{8}x^2$,

$\dfrac{1}{\sqrt{1.04}} \fallingdotseq 0.981$

(2) $e^{-x} \fallingdotseq 1 - x + \dfrac{x^2}{2}$, $\dfrac{1}{\sqrt[6]{e}} = e^{-\frac{1}{6}} \fallingdotseq 0.847$

3.9 $\cos 0.5 \fallingdotseq 0.8776$, 誤差の見積もりは

$|R_5(0.5)| < \dfrac{0.5^5}{5!} = 0.00026\cdots$

3.10 $r = \displaystyle\lim_{n\to\infty} \dfrac{\dfrac{n(2n-2)!}{6^n(n!)^2}}{\dfrac{(n+1)(2n)!}{6^{n+1}\{(n+1)!\}^2}}$

$\qquad = \displaystyle\lim_{n\to\infty} \dfrac{6^{n+1}\{(n+1)!\}^2 n(2n-2)!}{6^n(n!)^2(n+1)(2n)!}$

$\qquad = \displaystyle\lim_{n\to\infty} \dfrac{6(n+1)^2 n}{(n+1) \cdot 2n(2n-1)}$

$\qquad = \displaystyle\lim_{n\to\infty} \dfrac{3(n+1)}{2n-1} = \dfrac{3}{2}$

3.11 (1) $e^x = \displaystyle\sum_{n=0}^{\infty} \dfrac{1}{n!}x^n$ より,

$e^{x+2} = e^2 \cdot e^x = e^2 \cdot \displaystyle\sum_{n=0}^{\infty} \dfrac{1}{n!}x^n$

$\qquad = \displaystyle\sum_{n=0}^{\infty} \dfrac{e^2}{n!}x^n$

(2) $\sin x = \displaystyle\sum_{n=0}^{\infty} \dfrac{(-1)^n}{(2n+1)!}x^{2n+1}$,

$\cos x = \displaystyle\sum_{n=0}^{\infty} \dfrac{(-1)^n}{(2n)!}x^{2n}$ より,

$\sin\left(x + \dfrac{\pi}{3}\right) = \sin x \cos\dfrac{\pi}{3} + \cos x \sin\dfrac{\pi}{3}$

$\qquad = \dfrac{1}{2}\displaystyle\sum_{n=0}^{\infty} \dfrac{(-1)^n}{(2n+1)!}x^{2n+1}$

$\qquad + \dfrac{\sqrt{3}}{2}\displaystyle\sum_{n=0}^{\infty} \dfrac{(-1)^n}{(2n)!}x^{2n}$

$\qquad = \displaystyle\sum_{n=0}^{\infty}\left\{\dfrac{(-1)^n \cdot \sqrt{3}}{2 \cdot (2n)!}x^{2n}\right.$

$\qquad \left. + \dfrac{(-1)^n}{2 \cdot (2n+1)!}x^{2n+1}\right\}$

(3) $\log(1+x) = \displaystyle\sum_{n=1}^{\infty} \dfrac{(-1)^{n-1}}{n}x^n$ より,

$\log(2+x) = \log 2\left(1 + \dfrac{x}{2}\right)$

$\qquad = \log 2 + \log\left(1 + \dfrac{x}{2}\right)$

$\qquad = \log 2 + \displaystyle\sum_{n=1}^{\infty} \dfrac{(-1)^{n-1}}{n} \cdot \left(\dfrac{x}{2}\right)^n$

$\qquad = \log 2 + \displaystyle\sum_{n=1}^{\infty} \dfrac{(-1)^{n-1}}{2^n \cdot n}x^n$

(4) $\dfrac{1}{1-x} = \displaystyle\sum_{n=0}^{\infty} x^n$ より,

$$\frac{1}{1+x^2} = \sum_{n=0}^{\infty}(-x^2)^n = \sum_{n=0}^{\infty}(-1)^n x^{2n}$$

(5) $e^x = \sum_{n=0}^{\infty}\frac{1}{n!}x^n$ より,

$$e^{x^2} = \sum_{n=0}^{\infty}\frac{1}{n!}(x^2)^n = \sum_{n=0}^{\infty}\frac{1}{n!}x^{2n}$$

(6) $\dfrac{1}{1-x} = \displaystyle\sum_{n=0}^{\infty}x^n$ の両辺を 2 回微分して

$$\frac{2}{(1-x)^3} = \sum_{n=2}^{\infty}(n-1)nx^{n-2}$$

$$= \sum_{n=0}^{\infty}(n+1)(n+2)x^n$$

となる. したがって,

$$\frac{1}{(1-x)^3} = \sum_{n=0}^{\infty}\frac{(n+1)(n+2)}{2}x^n$$

3.12 $e^x = 1 + x + \dfrac{x^2}{2!} + \dfrac{x^3}{3!} + \cdots + \dfrac{x^n}{n!} + \cdots$ より,

$$e^{-x} = 1 - x + \frac{x^2}{2!} - \frac{x^3}{3!} + \cdots + (-1)^n\frac{x^n}{n!} + \cdots$$

となる. したがって,

$$e^x - e^{-x} = 2x + \frac{2x^3}{3!} + \cdots + \frac{2x^{2n+1}}{(2n+1)!} + \cdots,$$

$$e^x + e^{-x} = 2 + \frac{2x^2}{2!} + \cdots + \frac{2x^{2n}}{(2n)!} + \cdots$$

となるので,

$$\sinh x = x + \frac{x^3}{3!} + \frac{x^5}{5!} \cdots + \frac{x^{2n+1}}{(2n+1)!} + \cdots$$

$$\cosh x = 1 + \frac{x^2}{2!} + \frac{x^4}{4!} \cdots + \frac{x^{2n}}{(2n)!} + \cdots$$

3.13 (1) $\dfrac{1}{\sqrt[3]{(1+x)^2}} = 1 - \dfrac{2}{3}x + \dfrac{5}{9}x^2 - \dfrac{40}{81}x^3 + \cdots$

(2) $\sqrt[3]{1+3x}$

$= 1 + \dfrac{1}{3}(3x) - \dfrac{1}{9}(3x)^2 + \dfrac{5}{81}(3x)^3 - \cdots$

$= 1 + x - x^2 + \dfrac{5}{3}x^3 - \cdots$

3.14 $t = x - 1$ とおくと $x = t + 1$ である.

(1) $\dfrac{1}{(3-2x)^2} = \dfrac{1}{\{3-2(t+1)\}^2} = \dfrac{1}{(1-2t)^2}$ である.

ここで, $\dfrac{1}{1-x} = \displaystyle\sum_{n=0}^{\infty}x^n$ を微分すると,

$$\frac{1}{(1-x)^2} = \sum_{n=1}^{\infty}nx^{n-1} = \sum_{n=0}^{\infty}(n+1)x^n$$

となるから,

$$\frac{1}{(3-2x)^2} = \frac{1}{(1-2t)^2}$$

$$= \sum_{n=0}^{\infty}(n+1)(2t)^n = \sum_{n=0}^{\infty}2^n(n+1)t^n$$

$$= \sum_{n=0}^{\infty}2^n(n+1)\cdot(x-1)^n$$

である.

(2) $\log(1+3x) = \log\{1+3(t+1)\}$

$$= \log(4+3t) = \log 4\left(1 + \frac{3}{4}t\right)$$

$$= \log 4 + \log\left(1 + \frac{3}{4}t\right)$$

である. ここで, $\dfrac{1}{1-x} = \displaystyle\sum_{n=0}^{\infty}x^n$ を 0 から x まで積分すると

$$-\log(1-x) = \sum_{n=0}^{\infty}\frac{1}{n+1}x^{n+1} = \sum_{n=1}^{\infty}\frac{1}{n}x^n$$

となるから,

$$\log\left(1 + \frac{3}{4}t\right) = \sum_{n=1}^{\infty}\left(-\frac{1}{n}\right)\cdot\left(-\frac{3}{4}t\right)^n$$

$$= \sum_{n=1}^{\infty}\frac{(-1)^{n-1}\cdot 3^n}{4^n\cdot n}t^n$$

を得る. したがって, $\log(1+3x) = \log 4 + \displaystyle\sum_{n=1}^{\infty}\frac{(-1)^{n-1}\cdot 3^n}{4^n\cdot n}(x-1)^n$ である.

3.15 マクローリンの定理より, 0 と x の間の

ある値 c に対して, $e^x = 1 + x + \dfrac{x^2}{2} + \dfrac{e^c}{6}x^3$ となる. $x \to 0$ のとき, $c \to 0$ なので,

$$\lim_{x \to 0} \frac{e^x - 1 - x}{x^2} = \lim_{x \to 0}\left(\frac{1}{2} + \frac{e^c}{6}x\right) = \frac{1}{2}$$

3.16 (1) $f'(x) = \dfrac{1}{5}(1+x)^{-\frac{4}{5}}$

$$= \frac{1}{5\sqrt[5]{(1+x)^4}}$$

$$f''(x) = \frac{1}{5} \cdot \left(-\frac{4}{5}\right)(1+x)^{-\frac{9}{5}}$$

$$= -\frac{4}{25\sqrt[5]{(1+x)^9}}$$

$$f'''(x) = \frac{1}{5} \cdot \left(-\frac{4}{5}\right) \cdot \left(-\frac{9}{5}\right)(1+x)^{-\frac{14}{5}}$$

$$= \frac{36}{125\sqrt[5]{(1+x)^{14}}}$$

(2) $f(x) = f(0) + f'(0)x + \dfrac{f''(0)}{2!}x^2 + R_3$

$$= 1 + \frac{1}{5}x - \frac{2}{25}x^2 + R_3$$

ここで, 剰余項 R_3 は

$$R_3 = \frac{f'''(\theta x)}{3!}x^3$$

$$= \frac{6}{125\sqrt[5]{(1+\theta x)^{14}}}x^3 \quad (0 < \theta < 1)$$

と表すことができる.

> [note]　マクローリンの定理における剰余項 $R_{n+1}(x)$ は, 0 と x の間にある適当な値 c に対して,
>
> $$R_{n+1}(x) = \frac{f^{(n+1)}(c)}{(n+1)!}x^{n+1}$$
>
> と表される. ここで, $|x| : |c| = 1 : \theta$ とすると, $0 < \theta < 1$ で, $c = \theta x$ となるので, 剰余項は
>
> $$R_{n+1}(x) = \frac{f^{(n+1)}(\theta x)}{(n+1)!}x^{n+1} \quad (0 < \theta < 1)$$
>
> と表すこともできる.

(3) (2) の結果から, $\sqrt[5]{1.01} \fallingdotseq 1 + \dfrac{1}{5} \cdot 0.01 - \dfrac{2}{25} \cdot (0.01)^2 = 1.001992$ を得る. 誤差の大きさは次のように見積ることができる.

$$|R_3| = \left|\frac{6}{125\sqrt[5]{(1+0.01\theta)^{14}}} \cdot (0.01)^3\right|$$

$$< \frac{6}{125} \cdot (0.01)^3 = 4.8 \times 10^{-8}$$

3.17 (1) 0 以上の整数 n に対して $f^{(n)}(x) = \left(-\dfrac{1}{2}\right)^n \cdot e^{-\frac{x}{2}}$ が成り立つ. したがって,

$$f(x) = \sum_{k=0}^{n-1} \frac{f^{(k)}(0)}{k!}x^k + \frac{f^{(n)}(\theta x)}{n!}x^n$$

$$= \sum_{k=0}^{n-1} \frac{(-1)^k}{2^k \cdot k!}x^k + \frac{(-1)^n}{2^n \cdot n!}e^{-\frac{\theta x}{2}} \cdot x^n$$

が成り立つ. ここで, $0 < \theta < 1$ である.

(2) (1) の結果に $x = 1$, $n = 2m$ を代入することによって,

$$\frac{1}{\sqrt{e}} - \sum_{k=0}^{2m-1} \frac{(-1)^k}{2^k \cdot k!}$$

$$= \frac{1}{2^{2m} \cdot (2m)!} \cdot e^{-\frac{\theta}{2}}$$

が得られる. ここで, $0 < e^{-\frac{\theta}{2}} < 1$ であるから, 証明すべき不等式が得られる.

第3章　偏微分法

第4節　偏導関数

4.1 (1) 定義域は全平面, 値域は $0 < z \leqq e$

(2) 定義域は原点を中心とする半径 1 の円周とその内部 $x^2 + y^2 \leqq 1$, 値域は $-1 \leqq z \leqq 0$

(3) 定義域は原点を中心とする半径 1 の円の内部 $x^2 + y^2 < 1$, 値域は $z \leqq 0$

4.2 (1) $3x + y - (z + 3) = 0$ となるので, 点 $(0, 0, -3)$ を通り, ベクトル $(3, 1, -1)$ を法線ベクトルとする平面.

(2) yz 平面上の楕円 $y^2 + \dfrac{z^2}{4} = 1$ の $z \geqq 0$ の部分の各点を通り, x 軸に平行な直線で作られる楕円柱面.

(3) 球面 $x^2 + y^2 + z^2 = 9$ の $z \leqq 0$ の部分 (下半球面).

4.3 (1) 存在しない　　(2) 0

4.4 (1) $z_x = 3x^2 + 6xy + y^2$, $z_y = 3x^2 +$

$2xy - 3y^2$, $z_x(2,-1) = 1$, $z_y(2,-1) = 5$

(2) $z_x = 2\cos 2x \cos y$, $z_y = -\sin 2x \sin y$, $z_x(\pi,0) = 2$, $z_y(\pi,0) = 0$

(3) $z_x = -3e^{-3x}\cos 2y$, $z_y = -2e^{-3x}\sin 2y$, $z_x(0,0) = -3$, $z_y(0,0) = 0$

(4) $z_x = -2xe^{-x^2-y^2}$, $z_y = -2ye^{-x^2-y^2}$, $z_x(1,0) = -\dfrac{2}{e}$, $z_y(1,0) = 0$

4.5 (1) $\dfrac{\partial^2 f}{\partial x^2} = 6xy$, $\dfrac{\partial^2 f}{\partial y\partial x} = \dfrac{\partial^2 f}{\partial x\partial y} = 3x^2 - 3y^2$, $\dfrac{\partial^2 f}{\partial y^2} = -6xy$

(2) $\dfrac{\partial^2 f}{\partial x^2} = -4\sin 2x \cos 4y$, $\dfrac{\partial^2 f}{\partial y\partial x} = \dfrac{\partial^2 f}{\partial x\partial y} = -8\cos 2x \sin 4y$, $\dfrac{\partial^2 f}{\partial y^2} = -16\sin 2x \cos 4y$

(3) $\dfrac{\partial^2 f}{\partial x^2} = \dfrac{-y^2}{\sqrt{(x^2-y^2)^3}}$, $\dfrac{\partial^2 f}{\partial y\partial x} = \dfrac{\partial^2 f}{\partial x\partial y} = \dfrac{xy}{\sqrt{(x^2-y^2)^3}}$, $\dfrac{\partial^2 f}{\partial y^2} = \dfrac{-x^2}{\sqrt{(x^2-y^2)^3}}$

(4) $z_{xx} = -\dfrac{1}{x^2}$, $z_{xy} = z_{yx} = 0$, $z_{yy} = \dfrac{1}{y^2}$

(5) $z_{xx} = -9\sin(3x-y^2)$, $z_{xy} = z_{yx} = 6y\sin(3x-y^2)$, $z_{yy} = -4y^2\sin(3x-y^2) - 2\cos(3x-y^2)$

(6) $z_{xx} = (4x^2+2)e^{x^2+y^2}$, $z_{xy} = z_{yx} = 4xye^{x^2+y^2}$, $z_{yy} = (4y^2+2)e^{x^2+y^2}$

4.6 (1) $\dfrac{dz}{dt} = 2t(\cos^2 t - \sin^2 t) - 4t^2\cos t \sin t$

(2) $\dfrac{dz}{dt} = -\dfrac{4}{e^{2t} - e^{-2t}}$

4.7 (1) $\dfrac{\partial z}{\partial u} = \dfrac{2u}{u^2 - v^2}$, $\dfrac{\partial z}{\partial v} = -\dfrac{2v}{u^2 - v^2}$

(2) $\dfrac{\partial z}{\partial u} = (-2v^3 + 6u^2 v)\cos(2uv(u^2-v^2))$, $\dfrac{\partial z}{\partial v} = (2u^3 - 6uv^2)\cos(2uv(u^2-v^2))$

(3) $\dfrac{\partial z}{\partial u} = \dfrac{5v}{(2u+v)^2}$, $\dfrac{\partial z}{\partial v} = \dfrac{-5u}{(2u+v)^2}$

4.8 $z'(0) = -13$, $z''(0) = 18$

4.9 (1) $3x + 2y - 3z = 6$

(2) $x + 2y - z = -1$ (3) $x - 2y + 3z = 6$

(4) $x + y + z = \pi$

4.10 (1) $dz = (2xy - y^2)\,dx + (x^2 - 2xy)\,dy$

(2) $dz = 2\cos 2x \cos 3y\,dx - 3\sin 2x \sin 3y\,dy$

(3) $dz = \dfrac{2x}{x^2 + y^2}\,dx + \dfrac{2y}{x^2 + y^2}\,dy$

(4) $dz = \dfrac{1}{y}\,dx - \dfrac{x}{y^2}\,dy$

4.11 (1) 体積の増加量を ΔV とする. $\Delta V = 2xh\,\Delta x + x^2\,\Delta h$ [cm^3]

(2) およそ $4\,\mathrm{cm}^3$

4.12 $1 - x^2 - y^2 \neq 0$ より, 定義域は原点を中心とする半径 1 の円周上を除く全平面である. 一方, $x^2 + y^2 \geqq 0$ より $1 - x^2 - y^2 \leqq 1$ であり, 分母は 0 ではないので, $1 - x^2 - y^2 < 0$, $0 < 1 - x^2 - y^2 \leqq 1$ となる. したがって, 値域は $z < 0$, $1 \leqq z$ である.

4.13 (1) $y = x^2$ とすると,

$$\lim_{(x,y)\to(0,0)} \frac{x^2 y}{x^4 + y^2} = \lim_{x\to 0} \frac{x^4}{2x^4} = \frac{1}{2}$$

(2) $y = 0$ とすると,

$$\lim_{(x,y)\to(0,0)} \frac{x^2 y}{x^4 + y^2} = 0$$

(3) 近づき方によって異なる値に近づくので, 極限値は存在しない.

4.14 (1) $x = r\cos\theta$, $y = r\sin\theta$ $(r > 0)$ とおくと, $\dfrac{x^2 - 3y^2}{x^2 + 2y^2} = \dfrac{\cos^2\theta - 3\sin^2\theta}{\cos^2\theta + 2\sin^2\theta}$ となる. 点 $\mathrm{P}(x,y)$ が角 θ に対する動径に沿って原点に近づくとき, $\dfrac{x^2 - 3y^2}{x^2 + 2y^2}$ は θ によって異なる値に近づくので, 極限値は存在しない. ゆえに, 連続ではない.

(2) $x = r\cos\theta$, $y = r\sin\theta$ $(r > 0)$ とおくと, $\dfrac{x^3}{x^2 + y^2} = \dfrac{r^3\cos^3\theta}{r^2} = r\cos^3\theta$ となる. ここで, $r \to 0$ とすれば $|r\cos^3\theta| \leqq r \to 0$ となる. したがって, $\displaystyle\lim_{(x,y)\to(0,0)} f(x,y) = 0$ となるので, 連続である.

(3) $x = r\cos\theta$, $y = r\sin\theta$ $(r > 0)$ とおくと,

$$\lim_{(x,y)\to(0,0)} \frac{\sin(x^2 + y^2)}{x^2 + y^2} = \lim_{r\to 0} \frac{\sin r^2}{r^2} = 1$$

となるので，連続である.

4.15 (1) $f_x(x, y) = 2x\cos(x^2 + y)$, $f_y(x, y)$
$= \cos(x^2 + y)$ より,
$f_x(1, 0) = 2\cos 1$, $f_y(1, 0) = \cos 1$

(2) $f_x(x, y) = \dfrac{7y}{(x + 3y)^2}$, $f_y(x, y) =$
$\dfrac{-7x}{(x + 3y)^2}$ より. $f_x(1, 0) = 0$, $f_y(1, 0) = -7$

4.16 (1) $z_x = -\dfrac{x}{\sqrt{(x^2 + y^2)^3}}$,

$z_y = -\dfrac{y}{\sqrt{(x^2 + y^2)^3}}$,

$z_{xx} = \dfrac{2x^2 - y^2}{\sqrt{(x^2 + y^2)^5}}$,

$z_{xy} = z_{yx} = \dfrac{3xy}{\sqrt{(x^2 + y^2)^5}}$,

$z_{yy} = \dfrac{-x^2 + 2y^2}{\sqrt{(x^2 + y^2)^5}}$

(2) $z_x = yx^{y-1}$, $z_y = x^y \log x$,
$z_{xx} = y(y - 1)x^{y-2}$,
$z_{xy} = z_{yx} = x^{y-1}(1 + y \log x)$,
$z_{yy} = x^y (\log x)^2$

(3) $z_x = -\dfrac{y}{x^2 + y^2}$, $z_y = \dfrac{x}{x^2 + y^2}$,

$z_{xx} = \dfrac{2xy}{(x^2 + y^2)^2}$,

$z_{xy} = z_{yx} = \dfrac{y^2 - x^2}{(x^2 + y^2)^2}$,

$z_{yy} = -\dfrac{2xy}{(x^2 + y^2)^2}$

4.17 (1) $\dfrac{\partial z}{\partial r} = \dfrac{\partial z}{\partial x} \dfrac{\partial x}{\partial r} + \dfrac{\partial z}{\partial y} \dfrac{\partial y}{\partial r}$

$= \dfrac{\partial z}{\partial x} \cos\theta + \dfrac{\partial z}{\partial y} \sin\theta$,

$\dfrac{\partial z}{\partial \theta} = \dfrac{\partial z}{\partial x} \dfrac{\partial x}{\partial \theta} + \dfrac{\partial z}{\partial y} \dfrac{\partial y}{\partial \theta}$

$= -\dfrac{\partial z}{\partial x} r \sin\theta + \dfrac{\partial z}{\partial y} r \cos\theta$

(2) (1) より,

$\dfrac{\partial z}{\partial r} \cos\theta = \dfrac{\partial z}{\partial x} \cos^2\theta + \dfrac{\partial z}{\partial y} \sin\theta \cos\theta$
$\cdots$①

$\dfrac{\partial z}{\partial \theta} \dfrac{\sin\theta}{r} = -\dfrac{\partial z}{\partial x} \sin^2\theta + \dfrac{\partial z}{\partial y} \cos\theta \sin\theta$
$\cdots$②

①－②を計算すると,

$$\dfrac{\partial z}{\partial x} = \dfrac{\partial z}{\partial r} \cos\theta - \dfrac{\partial z}{\partial \theta} \dfrac{\sin\theta}{r},$$

同様にして,

$$\dfrac{\partial z}{\partial y} = \dfrac{\partial z}{\partial r} \sin\theta + \dfrac{\partial z}{\partial \theta} \dfrac{\cos\theta}{r}$$

(3) $\left(\dfrac{\partial z}{\partial x}\right)^2 + \left(\dfrac{\partial z}{\partial y}\right)^2$

$= \left(\dfrac{\partial z}{\partial r} \cos\theta - \dfrac{\partial z}{\partial \theta} \dfrac{\sin\theta}{r}\right)^2$

$\quad + \left(\dfrac{\partial z}{\partial r} \sin\theta + \dfrac{\partial z}{\partial \theta} \dfrac{\cos\theta}{r}\right)^2$

$= \left(\dfrac{\partial z}{\partial r}\right)^2 \cos^2\theta - 2\dfrac{\partial z}{\partial r} \dfrac{\partial z}{\partial \theta} \cos\theta \dfrac{\sin\theta}{r}$

$\quad + \left(\dfrac{\partial z}{\partial \theta}\right)^2 \dfrac{\sin^2\theta}{r^2}$

$\quad + \left(\dfrac{\partial z}{\partial r}\right)^2 \sin^2\theta + 2\dfrac{\partial z}{\partial r} \dfrac{\partial z}{\partial \theta} \sin\theta \dfrac{\cos\theta}{r}$

$\quad + \left(\dfrac{\partial z}{\partial \theta}\right)^2 \dfrac{\cos^2\theta}{r^2}$

$= \left(\dfrac{\partial z}{\partial r}\right)^2 (\cos^2\theta + \sin^2\theta)$

$\quad + \dfrac{1}{r^2} \left(\dfrac{\partial z}{\partial \theta}\right)^2 (\sin^2\theta + \cos^2\theta)$

$= \left(\dfrac{\partial z}{\partial r}\right)^2 + \dfrac{1}{r^2} \left(\dfrac{\partial z}{\partial \theta}\right)^2$

4.18 (1) $z_x = \dfrac{ax}{\sqrt{ax^2 + by^2}}$,

$z_y = \dfrac{by}{\sqrt{ax^2 + by^2}}$ なので，求める平面の方
程式は,

$$\dfrac{a}{\sqrt{a + b}}(x - 1) + \dfrac{b}{\sqrt{a + b}}(y - 1)$$
$$- \left(z - \sqrt{a + b}\right) = 0$$

より, $ax + by - \sqrt{a + b}\, z = 0$

(2) $z_x = \dfrac{y}{1 + x^2 y^2}$, $z_y = \dfrac{x}{1 + x^2 y^2}$ なの
で，求める平面の方程式は,

$$\dfrac{1}{2}(x - 1) + \dfrac{1}{2}(y - 1) - \left(z - \dfrac{\pi}{4}\right) = 0$$

より, $x + y - 2z = 2 - \dfrac{\pi}{2}$

4.19 (1) $\dfrac{\partial z}{\partial s} = \dfrac{\partial z}{\partial x} \dfrac{\partial x}{\partial s} + \dfrac{\partial z}{\partial y} \dfrac{\partial y}{\partial s}$
$= f'(x) \cdot 1 + g'(y) \cdot 1 = f'(x) + g'(y),$

$$\frac{\partial z}{\partial t} = \frac{\partial z}{\partial x}\frac{\partial x}{\partial t} + \frac{\partial z}{\partial y}\frac{\partial y}{\partial t}$$

$$= f'(x)\cdot(-c) + g'(y)\cdot c = -cf'(x) + cg'(y)$$

(2) $\dfrac{\partial^2 z}{\partial s^2} = \dfrac{\partial}{\partial s}\left(\dfrac{\partial z}{\partial s}\right)$

$$= \frac{\partial}{\partial x}\left(f'(x) + g'(y)\right)\cdot\frac{\partial x}{\partial s}$$

$$+ \frac{\partial}{\partial y}\left(f'(x) + g'(y)\right)\cdot\frac{\partial y}{\partial s}$$

$$= f''(x)\cdot 1 + g''(y)\cdot 1$$

$$= f''(x) + g''(y)$$

同様にして

$$\frac{\partial^2 z}{\partial t^2} = \frac{\partial}{\partial t}\left(\frac{\partial z}{\partial t}\right)$$

$$= \frac{\partial}{\partial x}\left(-cf'(x) + cg'(y)\right)\cdot\frac{\partial x}{\partial t}$$

$$+ \frac{\partial}{\partial y}\left(-cf'(x) + cg'(y)\right)\cdot\frac{\partial y}{\partial t}$$

$$= -cf''(x)\cdot(-c) + cg''(y)\cdot c$$

$$= c^2\left(f''(x) + g''(y)\right)$$

よって，$\dfrac{\partial^2 z}{\partial s^2} = \dfrac{1}{c^2}\dfrac{\partial^2 z}{\partial t^2}$ が成り立つ．

4.20 $z_u = z_x x_u + z_y y_u$

$$= z_x\cdot(2u) + z_y\cdot(2v)$$

$$= 2(uz_x + vz_y),$$

$$z_v = z_x x_v + z_y y_v$$

$$= z_x\cdot(-2v) + z_y\cdot(2u)$$

$$= 2(-vz_x + uz_y)$$

であるから，

$$(z_u)^2 + (z_v)^2$$

$$= 4\{u^2(z_x)^2 + 2uvz_x z_y + v^2(z_y)^2\}$$

$$+ 4\{v^2(z_x)^2 - 2uvz_x z_y + u^2(z_y)^2\}$$

$$= 4(u^2 + v^2)\{(z_x)^2 + (z_y)^2\}$$

である．したがって，$(z_x)^2 + (z_y)^2 = \dfrac{1}{4(u^2 + v^2)}\{(z_u)^2 + (z_v)^2\}$ が成り立つ．

4.21 $z_u = \dfrac{\partial z}{\partial x}\dfrac{\partial x}{\partial u} + \dfrac{\partial z}{\partial y}\dfrac{\partial y}{\partial u}$

$$= z_x\cos\theta + z_y\sin\theta$$

$$z_v = \frac{\partial z}{\partial x}\frac{\partial x}{\partial v} + \frac{\partial z}{\partial y}\frac{\partial y}{\partial v}$$

$$= -z_x\sin\theta + z_y\cos\theta$$

$$z_{uu} = \frac{\partial z_u}{\partial x}\frac{\partial x}{\partial u} + \frac{\partial z_u}{\partial y}\frac{\partial y}{\partial u}$$

$$= \frac{\partial}{\partial x}(z_x\cos\theta + z_y\sin\theta)\cos\theta$$

$$+ \frac{\partial}{\partial y}(z_x\cos\theta + z_y\sin\theta)\sin\theta$$

$$= (z_{xx}\cos\theta + z_{yx}\sin\theta)\cos\theta$$

$$+ (z_{yx}\cos\theta + z_{yy}\sin\theta)\sin\theta$$

$$= z_{xx}\cos^2\theta + 2z_{xy}\sin\theta\cos\theta$$

$$+ z_{yy}\sin^2\theta$$

同様に，

$$z_{vv} = \frac{\partial z_v}{\partial x}\frac{\partial x}{\partial v} + \frac{\partial z_v}{\partial y}\frac{\partial y}{\partial v}$$

$$= z_{xx}\sin^2\theta - 2z_{xy}\sin\theta\cos\theta$$

$$+ z_{yy}\cos^2\theta$$

である．したがって，$z_{uu} + z_{vv} = z_{xx}(\cos^2\theta + \sin^2\theta) + z_{yy}(\sin^2\theta + \cos^2\theta) = z_{xx} + z_{yy}$ となり，等式が成り立つ．

4.22 $z_x = -\dfrac{1}{x^2 y}$, $z_y = -\dfrac{1}{xy^2}$ であるから，点 P(a, b, c) における接平面 S の方程式は，$z - c = -\dfrac{1}{a^2 b}(x - a) - \dfrac{1}{ab^2}(y - b)$ である．$c = \dfrac{1}{ab}$ より，$abc = 1$ であることを使うと，この方程式は

$$\frac{x}{a} + \frac{y}{b} + \frac{z}{c} = 3$$

となる．接平面と x 軸，y 軸，z 軸との交点をそれぞれ A, B, C とすると，A$(3a, 0, 0)$, B$(0, 3b, 0)$, C$(0, 0, 3c)$ となるので，四面体 OABC の体積は，

$$V = \frac{1}{6}3a\cdot 3b\cdot 3c = \frac{9}{2}abc = \frac{9}{2}$$

となる．これは点 P の座標によらず一定である．

4.23 (1) $dz = \dfrac{y(-x^2+y^2)}{(x^2+y^2)^2}\Delta x$

$\quad\quad + \dfrac{x(x^2-y^2)}{(x^2+y^2)^2}\Delta y$ より，

$$\Delta z \fallingdotseq \dfrac{b(-a^2+b^2)h + a(a^2-b^2)k}{(a^2+b^2)^2}$$

(2) $dz = \dfrac{y(3x+2y)}{2\sqrt{x+y}}\Delta x + \dfrac{x(2x+3y)}{2\sqrt{x+y}}\Delta y$

より，

$$\Delta z \fallingdotseq \dfrac{b(3a+2b)h + a(2a+3b)k}{2\sqrt{a+b}}$$

4.24 (1) $f(x,y) = \dfrac{1}{2}\log(x^2+y^2)$ となる.

$f_{xx}+f_{yy} = \dfrac{y^2-x^2}{(x^2+y^2)^2} + \dfrac{x^2-y^2}{(x^2+y^2)^2}$

$=0$ であるから，調和関数である.

(2) $f_{xx}+f_{yy} = e^x\cos y - e^x\cos y = 0$ であるから，調和関数である.

(3) $f_{xx}+f_{yy} = \dfrac{-2xy}{(x^2+y^2)^2} + \dfrac{2xy}{(x^2+y^2)^2}$

$= 0$ であるから，調和関数である.

4.25 (1) $z_x = y^x\log y$, $z_y = xy^{x-1}$ より，$(x,y) = (2,e)$ で，$z_x = e^2$, $z_y = 2e$ である. したがって，接平面の方程式は

$e^2 x + 2ey - z = 3e^2$ となる. 法線は点 $(2,e,e^2)$ を通り，方向ベクトルが $(e^2,2e,-1)$ の直線なので，方程式は $\dfrac{x-2}{e^2} = \dfrac{y-e}{2e} = \dfrac{z-e^2}{-1}$ である.

(2) $z_x = -\sin x - \sin(x+y)$, $z_y = -\sin y - \sin(x+y)$ より，$(x,y) = \left(\dfrac{\pi}{2},\dfrac{\pi}{2}\right)$ で，$z_x = -1$, $z_y = -1$ となる. よって，求める接平面の方程式は $x+y+z = \pi-1$, 法線の方程式は $x-\dfrac{\pi}{2} = y-\dfrac{\pi}{2} = z+1$ である.

(3) $z_x = (x^2+y^2+2x)e^{x+y}$,

$z_y = (x^2+y^2+2y)e^{x+y}$ より，$(x,y) = (1,1)$ で $z_x = 4e^2$, $z_y = 4e^2$ なので，接平面の方程式は $4e^2 x + 4e^2 y - z = 6e^2$, 法線の方程式は $\dfrac{x-1}{4e^2} = \dfrac{y-1}{4e^2} = \dfrac{z-2e^2}{-1}$ となる.

4.26 $z_x = -\dfrac{5y}{(x-y)^2}$, $z_y = \dfrac{5x}{(x-y)^2}$ より，

$$dz = -\dfrac{5y}{(x-y)^2}\,dx + \dfrac{5x}{(x-y)^2}\,dy$$

4.27 (1) $z_x = \dfrac{x}{2}$, $z_y = \dfrac{2y}{9}$ より，接平面の方程式は $\dfrac{a}{2}(x-a) + \dfrac{2b}{9}(y-b) = z-c$ である. $\dfrac{a^2}{4} + \dfrac{b^2}{9} = c$ より，求める方程式は $\dfrac{a}{4}x + \dfrac{b}{9}y - \dfrac{z}{2} = \dfrac{c}{2}$ となる.

(2) $x=0$, $y=0$, $z=-1$ を代入して $c=1$

第5節　偏導関数の応用

5.1 (1) $(-4,-2)$　(2) $(0,0), (2,2)$

5.2 (1) $(-1,2)$ で極小値 -5

(2) $(1,0)$ で極小値 -2　(3) $(1,1)$ で極大値 2

(4) $(0,0)$ で極小値 1　(5) 極値をとらない.

(6) $(-2,2)$ で極大値 28

5.3 $\dfrac{dy}{dx}$, 接線の方程式の順に示す.

(1) $-\dfrac{4x^3}{3y^2}$, $4x+3y-7=0$

(2) $-\sqrt{\dfrac{y}{x}}$, $2x+y-6=0$

(3) $-\dfrac{x+y+2}{x-y}$, $x+2y+2=0$

5.4 (1) $\left(\dfrac{1}{5},\dfrac{2}{5}\right)$ で最小値 $\dfrac{1}{5}$ をとる. 最大値はない.

(2) $(1,1),(-1,-1)$ で最小値 4 をとる. 最大値はない.

(3) $\left(\dfrac{1}{\sqrt{2}},-\dfrac{1}{\sqrt{2}}\right)$, $\left(-\dfrac{1}{\sqrt{2}},\dfrac{1}{\sqrt{2}}\right)$ で最大値 $\dfrac{5}{2}$, $\left(\dfrac{1}{\sqrt{2}},\dfrac{1}{\sqrt{2}}\right)$, $\left(-\dfrac{1}{\sqrt{2}},-\dfrac{1}{\sqrt{2}}\right)$ で最小値 $-\dfrac{1}{2}$ をとる.

5.5 $\begin{cases} f_x = mx^{m-1} = 0 \\ f_y = ny^{n-1} = 0 \end{cases}$ より，極値をとりうる点は $(0,0)$ だけであり，$f(0,0) = 0$ である.

(i) m と n が偶数のとき，$(x,y) \neq (0,0)$ であれば $x^m + y^n > 0$ が成り立つので，f は $(0,0)$ で極小値をとる.

(ii) m と n の少なくとも一方が奇数のとき，たとえば m が奇数であれば，$x>0$ ならば $f(x,0) = x^m > 0$ であり，$x<0$ なら

ば $f(x,0) = x^m < 0$ であるから，f は $(0,0)$ で極値をとらない．n が奇数の場合も同様である．

5.6 (1) $z_x = z_y = 0$ とすると，

$$\begin{cases} x^2 - (y-1)^2 = 0 & \cdots① \\ x(y-1) - 4 = 0 & \cdots② \end{cases}$$

② より $y-1 = \dfrac{4}{x}$ なので，これを①に代入すると $x^4 - 16 = 0$ となる．これより $x = \pm 2$ なので，極値をとりうる点は $(2,3),(-2,-1)$ となる．これらの点で極値はとらない．

(2) $z_x = z_y = 0$ とすると，

$$\begin{cases} x^2 + y^2 + 2y = 0 & \cdots① \\ x^2 - 2x + y^2 + 4y + 4 = 0 & \cdots② \end{cases}$$

① $-$ ② より $y = x - 2$ なので，これを① に代入して解くと，極値をとりうる点は $(1,-1),(0,-2)$ となる．$(1,-1)$ で極小値 0 をとる．

(3) $z_x = z_y = 0$ とすると，

$$\begin{cases} y(3 - 2x - y) = 0 \\ x(3 - x - 2y) = 0 \end{cases}$$

となるので，

$$\begin{cases} y = 0 \\ x = 0 \end{cases}, \quad \begin{cases} y = 0 \\ 3 - x - 2y = 0 \end{cases},$$

$$\begin{cases} 3 - 2x - y = 0 \\ x = 0 \end{cases}, \quad \begin{cases} 3 - 2x - y = 0 \\ 3 - x - 2y = 0 \end{cases}$$

のいずれかが成り立つ．したがって，極値をとりうる点は $(0,0),(3,0),(0,3),(1,1)$ となる．$(1,1)$ で極大値 1 をとる．

(4) $z_x = z_y = 0$ とすると，

$$\begin{cases} x(x^2 + y) = 0 \\ x^2 + 2y^3 + y = 0 \end{cases}$$

となる．これを解くと，極値をとりうる点は $(0,0)$ である．$z = (x^2 + y)^2 + y^4 \geqq 0$ であるから，$(0,0)$ で極小値 0 をとる．

5.7 (1) $\dfrac{dy}{dx} = \dfrac{-2x - 3y}{3x - 2y}$

(2) $\dfrac{dy}{dx} = \dfrac{-x^2 y - y^3 + 2x}{x^3 + xy^2 - 2y}$

(3) $\dfrac{dy}{dx} = \dfrac{3x - 2y + 3}{2x - 2y + 4}$

(4) $\dfrac{dy}{dx} = \dfrac{x}{2y^3}$ (5) $\dfrac{dy}{dx} = -\dfrac{\cos x}{\sin y}$

(6) $\dfrac{dy}{dx} = -\dfrac{e^{x+y} - 2x}{e^{x+y} - 2y}$

5.8 (1) $\dfrac{dy}{dx} = -\dfrac{-4}{2y} = \dfrac{2}{y}$,

$$\dfrac{d^2 y}{dx^2} = -2 \cdot \dfrac{\dfrac{dy}{dx}}{y^2} = -2 \cdot \dfrac{\dfrac{2}{y}}{y^2} = -\dfrac{4}{y^3}$$

(2) $\dfrac{dy}{dx} = -\dfrac{x}{4y}$, $\dfrac{d^2 y}{dx^2} = -\dfrac{1}{4} \cdot \dfrac{y - x\dfrac{dy}{dx}}{y^2}$

$$= -\dfrac{y + \dfrac{x^2}{4y}}{4y^2} = -\dfrac{x^2 + 4y^2}{16y^3} = -\dfrac{1}{4y^3}$$

5.9 $\dfrac{dy}{dx} = -\dfrac{g_x}{g_y}$ より,

$$\dfrac{d^2 y}{dx^2} = -\dfrac{\dfrac{d}{dx}g_x \cdot g_y - g_x \cdot \dfrac{d}{dx}g_y}{(g_y)^2}$$

$$= \dfrac{-\left\{g_{xx} + g_{xy}\left(-\dfrac{g_x}{g_y}\right)\right\}g_y + g_x\left\{g_{yx} + g_{yy}\left(-\dfrac{g_x}{g_y}\right)\right\}}{(g_y)^2}$$

$$= \dfrac{2g_x g_y g_{xy} - (g_y)^2 g_{xx} - (g_x)^2 g_{yy}}{(g_y)^3}$$

5.10 (1) $(1,0)$ (2) $(0,0)$

5.11 $\mathrm{P}(x,y)$ として，$f(x,y) = \mathrm{PA}^2 + \mathrm{PB}^2 + \mathrm{PC}^2$ とおくと，

$$\begin{aligned} f(x,y) &= \{(x - x_1)^2 + (y - y_1)^2\} \\ &\quad + \{(x - x_2)^2 + (y - y_2)^2\} \\ &\quad + \{(x - x_3)^2 + (y - y_3)^2\} \end{aligned}$$

である．極値をとりうる点は $f_x = f_y = 0$ より $\begin{cases} 6x - 2(x_1 + x_2 + x_3) = 0 \\ 6y - 2(y_1 + y_2 + y_3) = 0 \end{cases}$ を解いて，$\left(\dfrac{x_1 + x_2 + x_3}{3}, \dfrac{y_1 + y_2 + y_3}{3}\right)$ となる．この点において，$f_{xx}f_{yy} - (f_{xy})^2 = 36 > 0$, $f_{xx} > 0$ であるから，$f(x,y)$ は極小値をとる．したがって，この値が最小値である．

[note] この点は三角形 ABC の重心 G である．

5.12 $g(x,y,z) = x + y + z - 2$ とする．

$$\begin{cases} f_x - \lambda g_x = 0 \\ f_y - \lambda g_y = 0 \\ f_z - \lambda g_z = 0 \end{cases}$$ とすると，$yz = zx =$

$xy = \lambda$ より，$xyz = \lambda x = \lambda y = \lambda z$ となる．$x > 0$，$y > 0$，$z > 0$ なので，$\lambda \neq 0$ となるから，$x = y = z$ を得る．$x + y + z = 2$ に代入すると，$x = y = z = \dfrac{2}{3}$ となる．したがって，$f(x, y, z)$ は $x = y = z = \dfrac{2}{3}$ のとき最大値 $\dfrac{8}{27}$ をとる．

[note] $x \geqq 0$，$y \geqq 0$，$z \geqq 0$ のとき，不等式 $\dfrac{x + y + z}{3} \geqq \sqrt[3]{xyz}$ が成り立ち，等号は $x = y = z$ のとき成立することが知られている．Q5.12 にあてはめると，$xyz \leqq \left(\dfrac{x + y + z}{3} \right)^3 = \dfrac{8}{27}$ で，等号は $x = y = z$ のとき成り立つので，xyz は $x = y = z = \dfrac{2}{3}$ のとき最大値 $\dfrac{8}{27}$ をとることがわかる．

5.13 円筒形の容器の底面の半径を r [cm]，高さを h [cm] とする．容器の体積 V と質量 W は $V = \pi r^2 h$ [cm^3]，
$W = 2\pi r^2 \cdot 5 + 2\pi rh \cdot 3 = 2\pi(5r^2 + 3rh)$ [g] である．体積が一定であるから，C を定数として，条件 $\varphi(r, h) = r^2 h - C = 0$ のもとで関数 $f(r, h) = 5r^2 + 3rh$ が極値をとる点を調べればよい．ラグランジュの乗数法より，この点は連立方程式 $\begin{cases} 10r + 3h = \lambda \cdot 2rh \\ 3r = \lambda \cdot r^2 \end{cases}$ を満たし，λ を消去すると $\dfrac{h}{r} = \dfrac{10}{3}$ となる．したがって，高さと底面の半径の比が $10 : 3$ のとき，$f(r, h)$ は極値をとり，容器はもっとも軽くなる．

5.14 底面の円の半径を r，円錐の高さを h とする．体積 $V = \dfrac{1}{3}\pi r^2 h$ が一定であり，表面積は $S = \pi r^2 + \dfrac{1}{2}\sqrt{r^2 + h^2} \cdot 2\pi r = \pi(r^2 + r\sqrt{r^2 + h^2})$ であるから，C を定数として条件 $\varphi(r, h) = r^2 h - C = 0$ のもとで，関数 $f(r, h) = r^2 + r\sqrt{r^2 + h^2}$ が

極値をとる点を見つければよい．ラグランジュの乗数法から，この点は連立方程式

$$\begin{cases} 2r + \dfrac{2r^2 + h^2}{\sqrt{r^2 + h^2}} = \lambda \cdot 2rh \\ \dfrac{rh}{\sqrt{r^2 + h^2}} = \lambda \cdot r^2 \end{cases}$$ を満たす．λ

を消去すると $\dfrac{h}{r} = 2\sqrt{2}$ となるので，高さと底円の半径の比が $2\sqrt{2} : 1$ のとき，$f(r, h)$ は極値をとり，表面積は最小となる．

5.15 円の中心を O，四角形の頂点を A，B，C，D とする．$\angle AOB = 2x$，$\angle BOC = 2y$，$\angle COD = 2z$，$\angle DOA = 2w$ とおくと，$x + y + z + w = \pi$ である．また，AB= $2r \sin x$，BC= $2r \sin y$，CD= $2r \sin z$，DE= $2r \sin w$ であるから，4 辺の長さの和 u は $u(x, y, z, w) = 2r \sin x + 2r \sin y + 2r \sin z + 2r \sin w$ と表すことができる．条件は $\varphi(x, y, z, w) = x + y + z + w - \pi = 0$ となるので，$u(x, y, z, w)$ が極値をとるとき，ラグランジュの乗数法から，その点ではある λ に対して，

$$2r \cos x = \lambda, \quad 2r \cos y = \lambda,$$
$$2r \cos z = \lambda, \quad 2r \cos w = \lambda,$$

すなわち，$\cos x = \cos y = \cos z = \cos w$ が成り立つ．これを満たすのは $x = y = z = w = \dfrac{\pi}{4}$ のときだけであるので，四角形が正方形のとき $u(x, y, z, w)$ は極値をとり，4 辺の長さの和が最大になる．

5.16 ラグランジュの乗数法より，極値をとる (x, y, z) で，ある λ に対して

$$\dfrac{-1}{x^2} = \lambda, \quad \dfrac{-1}{y^2} = 4\lambda, \quad \dfrac{-1}{z^2} = 9\lambda$$

となる．さらに，$x + 4y + 9z = 3$ を連立させて解くと，$x = \dfrac{1}{2}$，$y = \dfrac{1}{4}$，$z = \dfrac{1}{6}$ である．したがって，$\left(\dfrac{1}{2}, \dfrac{1}{4}, \dfrac{1}{6} \right)$ で極小値 13 をとる（これは最小値でもある）．

5.17 まず，xy 平面での $z = f(x, y)$ の極値を調べる．$z_x = z_y = 0$ より，$\begin{cases} 2x - 4x^3 = 0 \\ -2y = 0 \end{cases}$ を解くと，極値をとりうる点は $(0, 0)$，

$\left(\pm\dfrac{1}{\sqrt{2}},0\right)$ である．このうち，$\left(\pm\dfrac{1}{\sqrt{2}},0\right)$ で極大値 $\dfrac{1}{4}$ をとることがわかる．

次に，D の境界である条件 $x^2+y^2=4$ のもとでの極値を調べる．極値をとる点では，ある λ に対して，$\begin{cases} 2x-4x^3=2\lambda x \\ -2y=2\lambda y \end{cases}$ となる．これを $x^2+y^2=4$ と連立させて解いて，$(x,y)=(\pm1,\pm\sqrt{3}),(\pm2,0),(0,\pm2)$ を得る．このうち，$(\pm1,\pm\sqrt{3})$ で最大値 -3 をとり，$(\pm2,0)$ で最小値 -12 をとる．

したがって，$\left(\pm\dfrac{1}{\sqrt{2}},0\right)$ で最大値 $\dfrac{1}{4}$ をとり，$(\pm2,0)$ で最小値 -12 をとる．

5.18 (1) $z_x=z_y=0$ とすると，連立方程式 $\begin{cases} y(4y^2+3x^2-1)=0 \\ x(12y^2+x^2-1)=0 \end{cases}$ を得る．これより，極値をとりうる点は $(0,0),\left(0,\pm\dfrac{1}{2}\right)$，$(\pm1,0),\left(\pm\dfrac{1}{2},\pm\dfrac{1}{4}\right)$ の 9 点である．このうち $\left(\dfrac{1}{2},\dfrac{1}{4}\right),\left(-\dfrac{1}{2},-\dfrac{1}{4}\right)$ のとき極小値 $-\dfrac{1}{16}$ をとり，$\left(\dfrac{1}{2},-\dfrac{1}{4}\right),\left(-\dfrac{1}{2},\dfrac{1}{4}\right)$ のとき極大値 $\dfrac{1}{16}$ をとる．

(2) $z_x=z_y=0$ とすると，$e^{-x^2-y^2}\neq0$ より，連立方程式 $\begin{cases} xy=0 \\ 2y^2-1=0 \end{cases}$ を得る．これより，極値をとりうる点は $\left(0,\pm\dfrac{1}{\sqrt{2}}\right)$ である．$\left(0,\dfrac{1}{\sqrt{2}}\right)$ で極大値 $\dfrac{1}{\sqrt{2e}}$ をとり，$\left(0,-\dfrac{1}{\sqrt{2}}\right)$ で極小値 $-\dfrac{1}{\sqrt{2e}}$ をとる．

(3) $z_x=z_y=0$ とすると，連立方程式 $\begin{cases} x^2+2y=0 \\ y^2+2x=0 \end{cases}$ を得る．これより，極値をとりうる点は $(0,0),(-2,-2)$ である．このうち，$(-2,-2)$ で，極大値 9 をとる．

(4) $z_x=z_y=0$ とすると，連立方程式

$\begin{cases} \cos x(y-\sin x)=0 \\ y+\sin x=0 \end{cases}$ を得る．これより $\sin x\cos x=0$ となるので，$x=n\pi,\ \dfrac{\pi}{2}+n\pi$（$n$ は整数）を得る．したがって，極値をとりうる点は $(n\pi,0),\left(\dfrac{\pi}{2}+n\pi,(-1)^{n+1}\right)$ である．このうち，$(n\pi,0)$ では極値はとらない．$\left(\dfrac{\pi}{2}+n\pi,(-1)^{n+1}\right)$ では極小値 -1 をとる．

(5) $z_x=z_y=0$ とすると，連立方程式 $\begin{cases} x(x^2+4y^2)=0 \\ y(4x^2+y^2-4)=0 \end{cases}$ を得る．これより，極値をとりうる点は $(0,0),(0,\pm2)$ となる．このうち $(0,\pm2)$ で極小値 -16 をとる．$(0,0)$ ではヘッセ行列式 $H(0,0)=0$ で $z=0$ となるが，x 軸上の点 $(x,0)$（$x\neq0$）では $z=x^4>0$ であるのに対し，y 軸上の点 $(0,y)$（$0<|y|<2\sqrt{2}$）では $z=y^4-8y^2=y^2(y^2-8)<0$ であるから，極値はとらない．

第4章　2重積分

第6節　2重積分

6.1 (1) $\dfrac{3}{4}$ 　(2) 0 　(3) $-\dfrac{\sqrt{3}}{2}$ 　(4) $(e-1)^2$

6.2 (1) 9 　(2) $\dfrac{1}{6}$ 　(3) $\dfrac{\pi}{8}$ 　(4) $\dfrac{62}{5}$

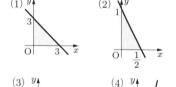

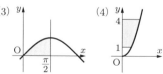

6.3 (1) $\displaystyle\int_{-1}^{1}\left\{\int_{1}^{3}f(x,y)\,dy\right\}dx$

(2) $\displaystyle\int_0^4 \left\{ \int_{\sqrt{y}}^2 f(x,y)\,dx \right\} dy$

(3) $\displaystyle\int_3^7 \left\{ \int_{\frac{y-1}{2}}^3 f(x,y)\,dx \right\} dy$

(4) $\displaystyle\int_{-1}^0 \left\{ \int_{-x}^1 f(x,y)\,dy \right\} dx$

6.4 $\dfrac{1}{12}$

6.5 (1) 9π (2) $\dfrac{64}{15}$ (3) $\dfrac{\pi}{8}\log 2$

6.6 (1) $\dfrac{2}{3}$

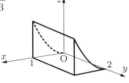

(2) $\dfrac{1}{2}$

(3) π

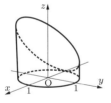

(4) 8π

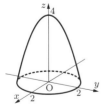

6.7 (1) $(2,2)$ (2) $\left(\dfrac{3}{5},0\right)$

6.8 (1) 極座標での領域は
$D' = \left\{ (r,\theta) \,\middle|\, 0 \le r \le \cos\theta,\ -\dfrac{\pi}{2} \le \theta \le \dfrac{\pi}{2} \right\}$
となる.

$\displaystyle\iint_D x^2\,dx\,dy$

$\displaystyle = \int_{-\frac{\pi}{2}}^{\frac{\pi}{2}} \left\{ \int_0^{\cos\theta} r^3 \cos^2\theta\,dr \right\} d\theta$

$\displaystyle = \int_{-\frac{\pi}{2}}^{\frac{\pi}{2}} \left[\frac{r^4}{4} \cos^2\theta \right]_0^{\cos\theta} d\theta$

$\displaystyle = \int_{-\frac{\pi}{2}}^{\frac{\pi}{2}} \frac{1}{4} \cos^6\theta\,d\theta = \frac{5\pi}{64}$

(2) 極座標での領域は
$D' = \{ (r,\theta) \,|\, 0 \le r \le 2\sin\theta,\ 0 \le \theta \le \pi \}$
となる.

$\displaystyle\iint_D y\,dx\,dy = \int_0^\pi \left\{ \int_0^{2\sin\theta} r^2 \sin\theta\,dr \right\} d\theta$

$\displaystyle = \int_0^\pi \left[\frac{r^3}{3} \sin\theta \right]_0^{2\sin\theta} d\theta$

$\displaystyle = \int_0^\pi \frac{8}{3} \sin^4\theta\,d\theta = \pi$

(3) 極座標での領域は
$D' = \left\{ (r,\theta) \,\middle|\, 0 \le r \le 2\cos\theta,\ 0 \le \theta \le \dfrac{\pi}{2} \right\}$
となる.

$\displaystyle\iint_D xy\,dx\,dy$

$\displaystyle = \int_0^{\frac{\pi}{2}} \left\{ \int_0^{2\cos\theta} r^3 \cos\theta \sin\theta\,dr \right\} d\theta$

$\displaystyle = \int_0^{\frac{\pi}{2}} \left[\frac{r^4}{4} \cos\theta \sin\theta \right]_0^{2\cos\theta} d\theta$

$\displaystyle = \int_0^{\frac{\pi}{2}} 4\cos^5\theta \sin\theta\,d\theta = \frac{2}{3}$

6.9 (1) $x^2 = x+6$ とすると, $x = -2, 3$.
$-2 \le x \le 3$ において, $x^2 \le x+6$ となる.

$\displaystyle\iint_D y\,dx\,dy = \int_{-2}^3 \left\{ \int_{x^2}^{x+6} y\,dy \right\} dx$

$\displaystyle = \int_{-2}^3 \left[\frac{y^2}{2} \right]_{x^2}^{x+6} dx$

$$= \frac{1}{2} \int_{-2}^{3} \left\{ (x+6)^2 - x^4 \right\} dx$$

$$= \frac{250}{3}$$

(2) D を $0 \leqq x \leqq 1$ の部分と $1 \leqq x \leqq 3$ の部分に分けて考える.

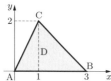

$$\iint_D (3x + 2y)\, dx\, dy$$

$$= \int_0^1 \left\{ \int_0^{2x} (3x+2y)\, dy \right\} dx$$

$$+ \int_1^3 \left\{ \int_0^{3-x} (3x+2y)\, dy \right\} dx$$

$$= \int_0^1 10x^2\, dx + \int_1^3 (9 + 3x - 2x^2)\, dx$$

$$= 16$$

(3) 極座標に変換する.

$$\iint_D \frac{1}{\sqrt{x^2 + y^2}}\, dx\, dy$$

$$= \int_{-\frac{\pi}{3}}^{\frac{\pi}{3}} \left\{ \int_1^{2\cos\theta} \frac{1}{r} \cdot r\, dr \right\} d\theta$$

$$= \int_{-\frac{\pi}{3}}^{\frac{\pi}{3}} (2\cos\theta - 1)\, d\theta$$

$$= 2\left(\sqrt{3} - \frac{\pi}{3} \right)$$

(4) D を $-1 \leqq x \leqq 0$ の部分と $0 \leqq x \leqq 1$ の部分に分けて考える.

$$\iint_D e^{x+y}\, dx\, dy$$

$$= \int_{-1}^{0} \left\{ \int_{-1-x}^{1+x} e^{x+y}\, dy \right\} dx$$

$$+ \int_0^1 \left\{ \int_{-1+x}^{1-x} e^{x+y}\, dy \right\} dx$$

$$= \int_{-1}^{0} \left(e^{1+2x} - \frac{1}{e} \right) dx$$

$$+ \int_0^1 \left(e - e^{-1+2x} \right) dx = e - \frac{1}{e}$$

(5) $u = x + y, v = x - y$ とおくと, $x = \frac{1}{2}(u+v),\ y = \frac{1}{2}(u-v)$ であるから, D に対応する uv 平面の領域は $D' = \{(u,v)\,|\, 0 \leqq u \leqq 1,\ -u \leqq v \leqq u\}$ で, ヤコビ行列式は $J = \begin{vmatrix} \dfrac{1}{2} & \dfrac{1}{2} \\ \dfrac{1}{2} & -\dfrac{1}{2} \end{vmatrix} = -\dfrac{1}{2}$ となる.

$$\iint_D (x+y)^8 (x-y)^8\, dx\, dy$$

$$= \iint_{D'} u^8 v^8 \cdot \frac{1}{2}\, du\, dv$$

$$= \frac{1}{2} \int_0^1 \left\{ \int_{-u}^{u} u^8 v^8\, dv \right\} du$$

$$= \frac{1}{162}$$

6.10　D に対応する $r\theta$ 平面での領域は

$$D' = \{(r,\theta)\,|\, 0 \leqq r \leqq 1,\ 0 \leqq \theta \leqq 2\pi\}$$

で, ヤコビ行列式は $J = \begin{vmatrix} 2\cos\theta & -2r\sin\theta \\ \sin\theta & r\cos\theta \end{vmatrix}$

$= 2r$ となる. したがって,

$$\iint_D x^2\, dx\, dy = \iint_{D'} 4r^2 \cos^2\theta \cdot 2r\, dr\, d\theta$$

$$= 8 \int_0^{2\pi} \left\{ \int_0^1 r^3 \cos^2\theta\, dr \right\} d\theta$$

$$= 8 \int_0^{2\pi} \left[\frac{r^4}{4} \cos^2\theta \right]_0^1 d\theta$$

$$= 2 \int_0^{2\pi} \cos^2\theta\, d\theta = 2\pi$$

6.11 (1) 与式 $= \displaystyle\int_0^{\sqrt{\pi}} \left\{ \int_0^{2x} \sin x^2 \, dy \right\} dx$

$= \displaystyle\int_0^{\sqrt{\pi}} \Big[y \sin x^2 \Big]_0^{2x} dx$

$= \displaystyle\int_0^{\sqrt{\pi}} 2x \sin x^2 \, dx = \Big[-\cos x^2 \Big]_0^{\sqrt{\pi}} = 2$

(2) 与式 $= \displaystyle\int_0^{\frac{\pi}{2}} \left\{ \int_0^{\sin x} \frac{1}{\cos x + 2} \, dy \right\} dx$

$= \displaystyle\int_0^{\frac{\pi}{2}} \left[\frac{y}{\cos x + 2} \right]_0^{\sin x} dx$

$= \displaystyle\int_0^{\frac{\pi}{2}} \frac{\sin x}{\cos x + 2} \, dx$

$= -\Big[\log(\cos x + 2) \Big]_0^{\frac{\pi}{2}} = \log \frac{3}{2}$

(1)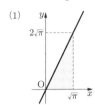
(2)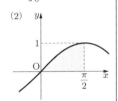

6.12 求める体積 V は

$$V = \iint_D \sqrt{1 - x^2 - y^2} \, dx \, dy,$$

$$D = \left\{ (x, y) \,\middle|\, x^2 + y^2 \le \frac{1}{4} \right\}$$

となる. 極座標に変換すると, 積分領域は

$$D' = \left\{ (r, \theta) \,\middle|\, 0 \le r \le \frac{1}{2}, 0 \le \theta \le 2\pi \right\}$$

なので,

$V = \displaystyle\iint_{D'} \sqrt{1 - r^2} \cdot r \, dr \, d\theta$

$= 4 \displaystyle\int_0^{\frac{\pi}{2}} \left\{ \int_0^{\frac{1}{2}} r\sqrt{1 - r^2} \, dr \right\} d\theta$

$= 4 \displaystyle\int_0^{\frac{\pi}{2}} \frac{1}{3} \left(1 - \frac{3}{8}\sqrt{3} \right) d\theta$

$= \left(\dfrac{2}{3} - \dfrac{\sqrt{3}}{4} \right) \pi$

6.13 積分領域を $D = \left\{ (x, y) \,\middle|\, \right.$

$\left. \left(x - \dfrac{a}{2} \right)^2 + y^2 \le \dfrac{a^2}{4}, \; y \ge 0 \right\}$ とする

と, 立体の体積 V は

$$V = \iint_D \sqrt{a^2 - x^2 - y^2} \, dx \, dy$$

である. 極座標に変換すると, 積分領域は

$$D' = \left\{ (r, \theta) \,\middle|\, 0 \le r \le a\cos\theta, 0 \le \theta \le \frac{\pi}{2} \right\}$$

となる. よって, 求める体積は

$V = \displaystyle\iint_{D'} \sqrt{a^2 - r^2} \cdot r \, dr d\theta$

$= \displaystyle\int_0^{\frac{\pi}{2}} \left\{ \int_0^{a\cos\theta} \sqrt{a^2 - r^2} \cdot r \, dr \right\} d\theta$

$= \displaystyle\int_0^{\frac{\pi}{2}} \frac{1}{3} a^3 (1 - \sin^3\theta) \, d\theta = \frac{3\pi - 4}{18} a^3$

6.14 求める体積を V とすると,

$$V = \iint_D (bx - cx) \, dx \, dy,$$

$$D = \left\{ (x, y) \,\middle|\, x^2 + y^2 \le ax \right\}$$

となる. 極座標に変換すると, 積分領域は $D' =$
$\left\{ (r, \theta) \,\middle|\, 0 \le r \le a\cos\theta, \; -\dfrac{\pi}{2} \le \theta \le \dfrac{\pi}{2} \right\}$
となる.

$V = \displaystyle\iint_{D'} (br\cos\theta - cr\cos\theta) r \, dr \, d\theta$

$= (b - c) \displaystyle\int_{-\frac{\pi}{2}}^{\frac{\pi}{2}} \left\{ \int_0^{a\cos\theta} r^2 \cos\theta \, dr \right\} d\theta$

$= \dfrac{\pi}{8} a^3 (b - c)$

6.15 領域 D は $\{(x, y, z) \mid 0 \le x \le 1,$
$0 \le y \le 1 - x, 0 \le z \le 1 - x - y\}$ である
から,

$\displaystyle\iiint_D x \, dx \, dy \, dz$

$= \displaystyle\int_0^1 \left\{ \int_0^{1-x} \left(\int_0^{1-x-y} x \, dz \right) dy \right\} dx$

$$= \int_0^1 \left\{ \int_0^{1-x} \Big[xz \Big]_0^{1-x-y} dy \right\} dx$$

$$= \int_0^1 \left\{ \int_0^{1-x} (x - x^2 - xy)\, dy \right\} dx$$

$$= \int_0^1 \left(\frac{x^3}{2} - x^2 + \frac{x}{2} \right) dx = \frac{1}{24}$$

6.16　(1) $\begin{vmatrix} x_r & x_\theta & x_t \\ y_r & y_\theta & y_t \\ z_r & z_\theta & z_t \end{vmatrix} = \begin{vmatrix} \cos\theta & -r\sin\theta & 0 \\ \sin\theta & r\cos\theta & 0 \\ 0 & 0 & 1 \end{vmatrix}$

$$= r$$

(2) 円柱座標による積分領域は $\mathrm{D}' = \big\{ (r, \theta, t) \mid$ $0 \le r \le \sqrt{t},\, 0 \le \theta \le 2\pi,\, 0 \le t \le 1 \big\}$ なので,

$$\iiint_{\mathrm{D}} dx\, dy\, dz = \iiint_{\mathrm{D}'} r\, dr d\theta dt$$

$$= \int_0^1 \left\{ \int_0^{2\pi} \left(\int_0^{\sqrt{t}} r\, dr \right) d\theta \right\} dt$$

$$= \int_0^1 \left(\int_0^{2\pi} \frac{t}{2}\, d\theta \right) dt = \int_0^1 \pi t\, dt = \frac{\pi}{2}$$

6.17　$\displaystyle \iint_{\mathrm{D}} x\, dx\, dy$

$$= \int_{-\frac{\pi}{2}}^{\frac{\pi}{2}} \left\{ \int_{2\cos\theta}^{2} r^2 \cos\theta\, dr \right\} d\theta$$

$$+ \int_{\frac{\pi}{2}}^{\frac{3\pi}{2}} \left\{ \int_0^2 r^2 \cos\theta\, dr \right\} d\theta$$

$$= \frac{8}{3} \int_{-\frac{\pi}{2}}^{\frac{\pi}{2}} (\cos\theta - \cos^4\theta)\, d\theta$$

$$+ \frac{8}{3} \int_{\frac{\pi}{2}}^{\frac{3\pi}{2}} \cos\theta\, d\theta$$

$$= \frac{16}{3} - \pi - \frac{16}{3} = -\pi$$

$$\iint_{\mathrm{D}} y\, dx\, dy$$

$$= \int_{-\frac{\pi}{2}}^{\frac{\pi}{2}} \left\{ \int_{2\cos\theta}^{2} r^2 \sin\theta\, dr \right\} d\theta$$

$$+ \int_{\frac{\pi}{2}}^{\frac{3\pi}{2}} \left\{ \int_0^2 r^2 \sin\theta\, dr \right\} d\theta$$

$$= \frac{8}{3} \int_{-\frac{\pi}{2}}^{\frac{\pi}{2}} (\sin\theta - \cos^3\theta \sin\theta)\, d\theta$$

$$+ \frac{8}{3} \int_{\frac{\pi}{2}}^{\frac{3\pi}{2}} \sin\theta\, d\theta = 0$$

$$\iint_{\mathrm{D}} dx\, dy$$

$$= \int_{-\frac{\pi}{2}}^{\frac{\pi}{2}} \left\{ \int_{2\cos\theta}^{2} r\, dr \right\} d\theta$$

$$+ \int_{\frac{\pi}{2}}^{\frac{3\pi}{2}} \left\{ \int_0^2 r\, dr \right\} d\theta$$

$$= 2 \int_{-\frac{\pi}{2}}^{\frac{\pi}{2}} (1 - \cos^2\theta)\, d\theta + 2 \int_{\frac{\pi}{2}}^{\frac{3\pi}{2}} d\theta$$

$$= \pi + 2\pi = 3\pi$$

したがって, 重心は $\left(-\dfrac{1}{3}, 0 \right)$

6.18　図形 D は y 軸に関して対称なので, 重心 G の x 座標は 0 となる.

$$\int_{\mathrm{D}} y\, dS = \int_{-2a}^{-a} \int_{-2a}^{2a} y\, dy\, dx$$

$$+ \int_{-a}^{a} \int_{-2a}^{a} y\, dy\, dx$$

$$+ \int_{a}^{2a} \int_{-2a}^{2a} y\, dy\, dx = -3a^3$$

となり, D の面積は $(4a)^2 - 2a^2 = 14a^2$ なので, G の y 座標は $\dfrac{-3a^3}{14a^2} = -\dfrac{3a}{14}$ である.

したがって, G の座標は $\left(0, -\dfrac{3a}{14} \right)$ となる.

6.19　(1) 極座標に変換すると, 積分領域は $\mathrm{D}' = \{ (r, \theta) \mid 0 \le r \le a,\ 0 \le \theta \le 2\pi \}$ となるから,

$$I = \iint_{\mathrm{D}} \rho \cdot (x^2 + y^2)\, dx\, dy$$

$$= \rho \iint_{D'} r^2 \cdot r \, dr \, d\theta$$

$$= \rho \int_0^{2\pi} \left\{ \int_0^a r^3 \, dr \right\} d\theta$$

$$= \frac{1}{2} \rho \pi a^4$$

D は半径 a の円であるから，その質量 M は $M = \rho \pi a^2$ となり，$I = \frac{1}{2} M a^2$ となる．

(2) $I = \iint_D \rho \cdot (x^2 + y^2) \, dx dy$

$$= \rho \int_{-a}^a \left\{ \int_{-b}^b (x^2 + y^2) \, dy \right\} dx$$

$$= \frac{4}{3} \rho a b (a^2 + b^2)$$

D は 2 辺の長さが $2a$, $2b$ の長方形であるから，その質量 M は $M = 4\rho a b$ となり，$I = \frac{1}{3} M (a^2 + b^2)$ となる．

6.20　$V = \int_a^b \pi \{f(x)\}^2 \, dx - \int_a^b \pi \{g(x)\}^2 \, dx$

$$= \pi \int_a^b \left\{ f(x)^2 - g(x)^2 \right\} dx,$$

$$\bar{y} = \frac{1}{A} \iint_D y \, dx \, dy$$

$$= \frac{1}{A} \int_a^b \left\{ \int_{g(x)}^{f(x)} y \, dy \right\} dx$$

$$= \frac{1}{2A} \int_a^b \{f(x)^2 - g(x)^2\} \, dx$$

であることから，

$$2\pi \bar{y} A = \pi \int_a^b \{f(x)^2 - g(x)^2\} \, dx = V$$

となる．したがって，等式が成り立つ．

6.21　(1) $\iint_D (6 - x - y) \, dx \, dy$

$$= \int_0^1 \left\{ \int_0^{3-x} (6 - x - y) \, dy \right\} dx$$

$$= \frac{32}{3}$$

(2) $\iint_D dx \, dy = \int_0^1 \left\{ \int_0^{(1 - \sqrt[3]{x})^3} dy \right\} dx$

$$= \int_0^1 \left(1 - \sqrt[3]{x} \right)^3 dx$$

$$= \int_0^1 \left(1 - 3\sqrt[3]{x} + 3\sqrt[3]{x^2} - x \right) dx$$

$$= \frac{1}{20}$$

(3) $\iint_D e^{\frac{y}{x}} \, dx \, dy$

$$= \int_1^2 \left\{ \int_0^{x^2} e^{\frac{y}{x}} \, dy \right\} dx$$

$$= \int_1^2 (x e^x - x) \, dx = e^2 - \frac{3}{2}$$

6.22　$\int_0^1 \left\{ \int_x^1 e^{y^2} \, dy \right\} dx$

$$= \int_0^1 \left\{ \int_0^y e^{y^2} \, dx \right\} dy$$

$$= \int_0^1 y e^{y^2} \, dy = \frac{1}{2} (e - 1)$$

6.23　(1) $(x + y)(x - y) \geqq 0$ より，求める領域は $\begin{cases} x + y \geqq 0 \\ x - y \geqq 0 \end{cases}$ または $\begin{cases} x + y \leqq 0 \\ x - y \leqq 0 \end{cases}$ となるので，次の図のようになる．ただし，境界を含む．

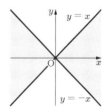

(2) この立体は平面 $x = 0$ に関して対称であるから，求める体積 V は

$$V = 2 \iint_D (x^2 - y^2) \, dx \, dy,$$

$$D = \left\{ (x, y) \,\middle|\, -x \leqq y \leqq x, \ x^2 + y^2 \leqq 4 \right\}$$

となる．

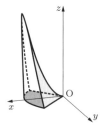

極座標に変換して,

$$V$$

$$= 2 \int_{-\frac{\pi}{4}}^{\frac{\pi}{4}} \left\{ \int_0^2 (r^2 \cos^2\theta - r^2 \sin^2\theta) \cdot r \, dr \right\} d\theta$$

$$= 4 \int_0^{\frac{\pi}{4}} \left\{ \int_0^2 r^3 \cos 2\theta \, dr \right\} d\theta = 8$$

6.24 D に対応する $r\theta$ 平面の領域は $D' = \left\{ (r,\theta) \middle| 0 \le r \le 1, \ 0 \le \theta \le \frac{\pi}{2} \right\}$ である. また, ヤコビ行列式は, $J = \begin{vmatrix} 2\cos\theta & -2r\sin\theta \\ 3\sin\theta & 3r\cos\theta \end{vmatrix} = 6r$ である. よって,

$$I = \iint_{D'} 3r\sin\theta \left(4r^2\cos^2\theta + 9r^2\sin^2\theta \right) \cdot 6r \, dr \, d\theta$$

$$= 72 \int_0^{\frac{\pi}{2}} \int_0^1 r^4 \cos^2\theta \sin\theta \, dr \, d\theta$$

$$\quad + 162 \int_0^{\frac{\pi}{2}} \int_0^1 r^4 \sin^3\theta \, dr \, d\theta$$

$$= 72 \cdot \frac{1}{15} + 162 \cdot \frac{2}{15} = \frac{132}{5}$$

第 5 章　微分方程式

第 7 節　1 階微分方程式

※以下では, A, B, C, C_1 は任意定数とする.

7.1 (1) $y' = \dfrac{1}{(x+C)^2}$ を左辺に代入する.

(2) $y' = -\dfrac{C}{x^2} + 3x^2$ を左辺に代入する.

(3) $y' = 2Ae^{2x} - Be^{-x}$, $y'' = 4Ae^{2x} + Be^{-x}$ を左辺に代入する.

(4) $y'' = -4A\cos 2x - 4B\sin 2x - 4\sin 2x - 4x\cos 2x$ を左辺に代入する.

7.2 一般解, 特殊解の順に示す.

(1) $y = -\dfrac{1}{2}\cos 2x + C$, $y = -\dfrac{1}{2}\cos 2x + \dfrac{3}{2}$

(2) $y = \dfrac{1}{2}x^2 \log x - \dfrac{1}{4}x^2 + C$,

$y = \dfrac{1}{2}x^2 \log x - \dfrac{1}{4}x^2 + \dfrac{1}{4}$

(3) $y = \dfrac{1}{2}x^4 + Ax + B$, $y = \dfrac{1}{2}x^4 + 5x - 2$

(4) $y = e^{-x} + Ax + B$, $y = e^{-x} + 2x - 4$

7.3 b

7.4 (1) $y = \dfrac{2x^2}{Cx^2 + 1}$

(2) $y = -\log\left(\dfrac{x^2}{2} + C\right)$

(3) $y = \dfrac{C}{\sin x}$　　(4) $y = -\log(C - e^x)$

(5) $y = \tan(x^2 + x + C)$　　(6) $y^2 = \dfrac{C}{x} - 1$

7.5 一般解, 特殊解の順に示す.

(1) $y = -\dfrac{1}{x^2 + C}$, $y = -\dfrac{1}{x^2 + 1}$

(2) $y = Ce^{x + \sin x}$, $y = 2e^{x + \sin x}$

7.6 (1) $r^3 = \dfrac{3A}{4\pi}t + C$　　(2) $1.17\,\mathrm{m}$

7.7 (1) $y = Ce^{-x}$　　(2) $y = Ce^{2x}$

(3) $y = Ce^{\frac{x}{5}}$

7.8 (1) $y = \dfrac{C}{x}$　　(2) $y = \dfrac{Cx}{x-1}$

7.9 (1) $y = Ce^{-2x} + x + 1$

(2) $y = Ce^x + \dfrac{1}{2}e^{3x}$

(3) $y = Ce^{-x} + \sin x - \cos x$

7.10 (1) $y = \dfrac{x}{2} - \dfrac{1}{4} + Ce^{-2x}$

(2) $y = e^{3x} + Ce^{2x}$　　(3) $y = x^2 + Cx$

(4) $y = \dfrac{1}{x}(e^x + C)$

7.11 (1) $y = 25 + Ce^{-kt}$

(2) $y = 25 + 175e^{-kt}$　　(3) $\dfrac{\log 7}{10}$

7.12 (1) $y' = -\dfrac{2}{(x+1)^2}$ を左辺に代入する.

(2) $y' = \dfrac{x\sin x + \cos x}{x^2}$ を左辺に代入する.

(3) $y' = e^x(\sin 3x + 3\cos 3x)$,

$y'' = e^x(6\cos 3x - 8\sin 3x)$ を左辺に代入

する.

(4) $y' = -\dfrac{x}{\sqrt{1-x^2}}$, $y'' = -\dfrac{1}{\sqrt{(1-x^2)^3}}$

を左辺に代入する.

7.13 (1) $y = x + Cx^2$, $y' = 1 + 2Cx$ から C を消去すると, $y = \dfrac{x}{2} + \dfrac{xy'}{2}$ となるので, $xy' - 2y = -x$

(2) $x^2 + y^2 - 2Cx = 0$ を x で微分すると, $2x + 2yy' - 2C = 0$ となるので, $C = x + yy'$ を与えられた微分方程式に代入すれば, $2xyy' = y^2 - x^2$

(3) $y' = A + 2Bx$, $y'' = 2B$ であるから, $B = \dfrac{1}{2}y''$, $A = y' - xy''$ を与えられた微分方程式に代入すると, $x^2y'' - 2xy' + 2y = 0$

(4) $y' = -A\sin(x+B)$, $y'' = -A\cos(x+B) = -y$ であるから, $y'' + y = 0$

7.14　いずれも変数分離形である.

(1) $\displaystyle\int \dfrac{1}{y-1}\,dy + \int \dfrac{3x^2}{1+x^3}\,dx = 0$ より

$\log|y-1| + \log|1+x^3| = C_1$ となるので, $(y-1)(1+x^3) = \pm e^{C_1}$ を得る. $\pm e^{C_1} = C$ として, 一般解は $y = \dfrac{C}{x^3+1} + 1$

(2) $\displaystyle\int \dfrac{1}{\tan y}\,dy = \int \tan x\,dx$ より

$\log|\sin y| = -\log|\cos x| + C_1$ となるので, $\pm e^{C_1} = C$ として, 一般解は $\cos x \sin y = C$

(3) $\displaystyle\int \dfrac{\sin y}{\cos^2 y}\,dy + \int \dfrac{\cos x}{\sin^2 x}\,dx = 0$ より

$\dfrac{1}{\cos y} - \dfrac{1}{\sin x} = C$ となるので, 一般解は $\sin x - \cos y = C \sin x \cos y$

(4) $\displaystyle\int \dfrac{1}{y}\,dy + \int 2\cos 2x\,dx = 0$ より

$\log|y| + \sin 2x = C_1$ となるので, $y = \pm e^{C_1} e^{-\sin 2x}$ を得る. $\pm e^{C_1} = C$ として, 一般解は $y = Ce^{-\sin 2x}$

(5) $\displaystyle\int \dfrac{y}{y^2+1}\,dy = \int \dfrac{1}{x}\,dx$ より $\log(y^2 + 1) = \log x^2 + C_1$ となるので, $\dfrac{y^2+1}{x^2} = e^{C_1}$ を得る. $e^{C_1} = C$ として, 一般解は $y^2 =$

$Cx^2 - 1$

(6) $\displaystyle\int \dfrac{1}{y}\,dy = \int \dfrac{1}{1+e^x}\,dx$

$\displaystyle\qquad = \int \dfrac{e^x}{(1+e^x)e^x}\,dx$

と変形して $e^x = t$ とおくと

$\displaystyle\int \dfrac{e^x}{(1+e^x)e^x}\,dx = \int \dfrac{1}{(1+t)t}\,dt$

$\displaystyle\qquad = \int \left(\dfrac{1}{t} - \dfrac{1}{1+t}\right)\,dt$

$\displaystyle\qquad = \log\left|\dfrac{t}{1+t}\right| + C_1$

となるので, $\log|y| = \log\dfrac{e^x}{1+e^x} + C_1$ を得る. $\pm e^{C_1} = C$ として, 一般解は $y = \dfrac{Ce^x}{1+e^x}$

7.15 (1) 補助方程式 $xy' + y = 0$ の一般解は, $y = \dfrac{C}{x}$ である. $y = \dfrac{u}{x}$ として与えられた方程式に代入すると, $u' = \log x$ を得る. これより $u = \displaystyle\int \log x\,dx = x\log x - x + C$ であるので, 求める一般解は $y = \log x - 1 + \dfrac{C}{x}$

(2) 補助方程式 $xy' - 2y = 0$ の一般解は, $y = Cx^2$ である. $y = ux^2$ として与えられた方程式に代入すると, $u' = xe^x$ を得る. これより $u = \displaystyle\int xe^x\,dx = xe^x - e^x + C$ であるので, 求める一般解は $y = x^2(x-1)e^x + Cx^2$

(3) 補助方程式 $y' + 2y\tan x = 0$ の一般解は, $y = C\cos^2 x$ である. $y = u\cos^2 x$ として与えられた方程式に代入すると, $u' = \dfrac{\sin x}{\cos^2 x}$ を得る. これより $u = \dfrac{1}{\cos x} + C$ であるので, 求める一般解は $y = \cos x + C\cos^2 x$

(4) 補助方程式 $y' + y\cos x = 0$ の一般解は, $y = Ce^{-\sin x}$ である. $y = ue^{-\sin x}$ として与えられた方程式に代入すると, $u' = 1$ を得る. これより $u = x + C$ となるので, 求める一般解は $y = (x+C)e^{-\sin x}$

7.16 補助方程式 $y' + Py = 0$ の解は, $\displaystyle\int \frac{1}{y} dy$
$= -\displaystyle\int Pdx$ を計算して, $y = Ce^{-\int Pdx}$ である. $y = ue^{-\int Pdx}$ とすると

$$y' = u'e^{-\int Pdx} + ue^{-\int Pdx}\left(-\int Pdx\right)'$$
$$= u'e^{-\int Pdx} - ue^{-\int Pdx}P$$

であるから, もとの微分方程式に代入して $u'e^{-\int Pdx} = Q$ となる. したがって, $u' = Qe^{\int Pdx}$ となるから, $u = \displaystyle\int Qe^{\int Pdx}\,dx + C$ である. 以上により, 求める一般解は $y = e^{-\int Pdx}\left(\displaystyle\int Qe^{\int Pdx}\,dx + C\right)$

7.17 $\dfrac{y}{x} = u$ とおくと $y' = u + xu'$ である.

(1) $y' = 1 + \dfrac{2y}{x}$ より, $u'x = 1 + u$ であるから, $\displaystyle\int \frac{1}{1+u}du = \int \frac{1}{x}dx$ となる. これより, $\log|1+u| = \log|x| + C_1$ となるので, $\pm e^{C_1} = C$ として $u + 1 = Cx$ を得る. $u = \dfrac{y}{x}$ を代入して, 一般解は $x + y = Cx^2$

(2) $y' = \dfrac{x}{y} + \dfrac{y}{x}$ より, $xu' = \dfrac{1}{u}$ であるから, $\displaystyle\int u\,du = \int \frac{dx}{x}$ となる. これより, $\dfrac{u^2}{2} = \log|x| + C$ となるので, $u = \dfrac{y}{x}$ を代入して, 一般解は $y^2 = 2x^2(\log|x| + C)$

(3) $y' = \dfrac{\left(\dfrac{y}{x}\right)^2}{\dfrac{y}{x} - 1}$ より, $xu' = \dfrac{u}{u-1}$ であるから, $\displaystyle\int \frac{u-1}{u}\,du = \int \frac{1}{x}dx$ となる. これより $u - \log|u| = \log|x| + C$ となるので, $u = \log|xu| + C$ を得る. $u = \dfrac{y}{x}$ を代入して, 一般解は $y = x(\log|y| + C)$

(4) $u + xu' = \dfrac{1 + 2u - 4u^2}{1 - 8u - 4u^2}$ より,

$$xu' = \frac{4u^3 + 4u^2 + u + 1}{1 - 8u - 4u^2}$$

である. 分子を因数分解して変数を分離すると,

$$\int \frac{1 - 8u - 4u^2}{(u+1)(4u^2 + 1)}du = \int \frac{1}{x}dx$$

である. ここで,

$$\frac{1 - 8u - 4u^2}{(u+1)(4u^2 + 1)} = \frac{a}{u+1} + \frac{bu + c}{4u^2 + 1}$$

とおくと, $a = 1$, $b = -8$, $c = 0$ を得る. したがって,

$$\int \left(\frac{1}{u+1} - \frac{8u}{4u^2 + 1}\right)du = \int \frac{1}{x}dx$$ より, $\log|u+1| - \log|4u^2+1| = \log|x| + C_1$ となるので, $\pm e^{C_1} = C$ として, $\dfrac{u+1}{(4u^2+1)x} = C$ を得る. $u = \dfrac{y}{x}$ を代入して変形すれば, 一般解は $x^2 + 4y^2 = C(x + y)$

7.18 (1) $x + y = u$ とおくと $1 + y' = u'$ であるから, 与えられた微分方程式は $u' = u^2 + 1$ となり, 変数分離形である. したがって, $\displaystyle\int \frac{1}{u^2 + 1}du = \int dx$ となるので, $\tan^{-1}u = x + C$ である. これより, $u = \tan(x + C)$ となるので, 求める一般解は $y = \tan(x + C) - x$

(2) $x - y = u$ とおくと $1 - y' = u'$ であるから, 与えられた微分方程式は $u' = \dfrac{2}{u + 2}$ となり, 変数分離形である. したがって, $\displaystyle\int \left(\frac{u}{2} + 1\right)du = \int dx$ となるので, $\dfrac{u^2}{4} + u = x + C_1$ である. $4C_1 = C$ とおくと, 求める一般解は $(x - y)^2 - 4y = C$

(3) $xy = u$ とおくと, $y + xy' = u'$ であるから, $x^2 y' = xu' - xy = xu' - u$ である. したがって, 与えられた微分方程式は $2xu' = 1 + 2u + u^2$ となり, 変数分離形である. これより, $\displaystyle\int \frac{2}{(1+u)^2}du = \int \frac{1}{x}dx$ であるから $-\dfrac{2}{1 + u} = \log|x| + C$ となり, 求める一般解は $\dfrac{2}{1 + xy} + \log|x| + C = 0$

(4) $x + e^y = u$ とおくと $1 + e^y y' = u'$ であ

るので，与えられた微分方程式は $u' = u$ となる．したがって，$\log|u| = x + C$ となるから，$u = \pm e^{x+C_1}$ である．$\pm e^{C_1} = C$ とおくことにより，求める一般解は $x + e^y = Ce^x$

7.19 (1) $z = \dfrac{1}{y}$ とおくと $z' = -\dfrac{y'}{y^2}$ である．与えられた微分方程式の両辺に $-\dfrac{1}{y^2}$ をかけると，$-\dfrac{y'}{y^2} - \dfrac{1}{x} \cdot \dfrac{1}{y} = -x^2$ であるから，この微分方程式は 1 階線形微分方程式 $z' - \dfrac{1}{x}z = -x^2$ に変換できる．これを解くと $z = -\dfrac{1}{2}x^3 + C_1 x$ であるから，$2C_1 = C$ として，求める一般解は $y = \dfrac{2}{Cx - x^3}$

(2) $z = \dfrac{1}{y^2}$ とおくと $z' = -\dfrac{2y'}{y^3}$ である．与えられた微分方程式の両辺に $-\dfrac{1}{x^2 y^3}$ をかけると，$-\dfrac{2y'}{y^3} + \dfrac{2}{x} \cdot \dfrac{1}{y^2} = -\dfrac{1}{x^2}$ であるから，この微分方程式は 1 階線形微分方程式 $z' + \dfrac{2}{x}z = -\dfrac{1}{x^2}$ に変換できる．これを解くと $z = \dfrac{-x + C}{x^2}$ であるから，求める一般解は $y^2 = \dfrac{x^2}{-x + C}$

(3) $z = \dfrac{1}{y}$ とおくと $z' = -\dfrac{y'}{y^2}$ である．与えられた微分方程式の両辺に $-\dfrac{1}{y^2}$ をかけると，$-\dfrac{y'}{y^2} + \dfrac{1}{x+1} \cdot \dfrac{1}{y} = -1$ であるから，この微分方程式は 1 階線形微分方程式 $z' + \dfrac{1}{x+1}z = -1$ に変換できる．これを解くと $z = \dfrac{2C_1 - (x+1)^2}{2(x+1)}$ であるから，$2C_1 = C$ として，求める一般解は $y = \dfrac{2(x+1)}{C - (x+1)^2}$

(4) $z = \dfrac{1}{y^3}$ とおくと $z' = -\dfrac{3y'}{y^4}$ である．与えられた微分方程式の両辺に $-\dfrac{1}{xy^4}$ をか

けると，$-\dfrac{3y'}{y^4} - \dfrac{1}{x} \cdot \dfrac{1}{y^3} = -\dfrac{1}{x}\log x$ であるから，この微分方程式は 1 階線形微分方程式 $z' - \dfrac{1}{x}z = -\dfrac{1}{x}\log x$ に変換できる．これを解くと $z = \log x + 1 + Cx$ であるから，求める一般解は $y^3 = \dfrac{1}{\log x + 1 + Cx}$

7.20 (1) $P = x^2 + y^2$, $Q = 2xy$ とすると，$\dfrac{\partial P}{\partial y} = \dfrac{\partial Q}{\partial x} = 2y$ より完全微分形である．$\dfrac{\partial f}{\partial x} = x^2 + y^2$ とすると，$f(x,y) = \dfrac{1}{3}x^3 + xy^2 + h(y)$ の形である．$\dfrac{\partial f}{\partial y} = 2xy + h'(y) = Q = 2xy$ であるから $h'(y) = 0$ であり，$h(y) = C_1$ となる．したがって，$f = \dfrac{1}{3}x^3 + xy^2 + C_1$ であるから，$-C_1 = C$ として，求める一般解は $x^3 + 3xy^2 = C$

(2) $P = ye^{xy} - 2xy$, $Q = xe^{xy} - x^2 + 6y$ とすると $\dfrac{\partial P}{\partial y} = \dfrac{\partial Q}{\partial x} = e^{xy} + xye^{xy} - 2x$ であるから完全微分形である．$\dfrac{\partial f}{\partial x} = ye^{xy} - 2xy$ とすると $f = e^{xy} - x^2 y + h(y)$ であるから，$\dfrac{\partial f}{\partial y} = xe^{xy} - x^2 + h'(y)$ である．$\dfrac{\partial f}{\partial y} = Q$ であるから $h'(y) = 6y$ となり，$h(y) = 3y^2 + C_1$ である．したがって，$-C_1 = C$ として，求める一般解は $e^{xy} - x^2 y + 3y^2 = C$

(3) $P = 8x - 3y + 2$, $Q = -3x + 4y + 2$ とすると $\dfrac{\partial P}{\partial y} = \dfrac{\partial Q}{\partial x} = -3$ より完全微分形である．$\dfrac{\partial f}{\partial x} = 8x - 3y + 2$ とすると $f = 4x^2 - 3xy + 2x + h(y)$ であるから，$\dfrac{\partial f}{\partial y} = -3x + h'(y)$ で，$\dfrac{\partial f}{\partial y} = Q$ であるから $h'(y) = 4y + 2$ である．したがって，$h(y) = 2y^2 + 2y + C_1$ となるので，$-C_1 = C$ として，求める一般解は $4x^2 - 3xy + 2y^2 + 2x + 2y = C$

(4) $P = \cos y + y\cos x$, $Q = \sin x - x\sin y$ とすると $\dfrac{\partial P}{\partial y} = \dfrac{\partial Q}{\partial x} = -\sin y + \cos x$ であ

るから，完全微分形である．$\dfrac{\partial f}{\partial x} = \cos y + y \cos x$ とすると $f = x \cos y + y \sin x + h(y)$ であるから，$\dfrac{\partial f}{\partial y} = -x \sin y + \sin x + h'(y)$ で，$\dfrac{\partial f}{\partial y} = Q$ であるから $h'(y) = 0$ となり，$h(y) = C_1$ である．したがって，$-C_1 = C$ として，求める一般解は $y \sin x + x \cos y = C$

7.21 (1) $\dfrac{1-y}{y} dy + \dfrac{1+x}{x} dx = 0$ と変数を分離できる．両辺を積分して $\log|xy| - y + x + C = 0$ が得られる．$x = 1$ のとき $y = 1$ なので $C = 0$ である．したがって，求める解は $\log|xy| = y - x$

(2) $dy = \dfrac{1}{x(x+1)} dx$ と変数を分離できる．部分分数に分解して積分すると $y = \log|x| - \log|x+1| + C$ を得る．$x = 1$ のとき $y = 0$ なので，$C = \log 2$ である．したがって，求める解は $y = \log\left|\dfrac{2x}{x+1}\right|$

(3) $y' = \dfrac{\dfrac{y}{x} + 1}{\dfrac{y}{x} - 1}$ と変形できるので同次形である．$\dfrac{y}{x} = u$ と変数を変換すると，変数分離形 $xu' = \dfrac{1 + 2u - u^2}{u - 1}$ となる．$\displaystyle\int \dfrac{u-1}{1 + 2u - u^2} du = \int \dfrac{1}{x} dx$ を計算して，$-\dfrac{1}{2} \log|1 + 2u - u^2| = \log|x| + C_1$ を得る．$u = \dfrac{y}{x}$ を代入して変形し，$\pm e^{-2C_1} = C$ とおくと，$x^2 + 2xy - y^2 = C$ となる．$x = 1$ のとき $y = 0$ であるから，$C = 1$ である．したがって，求める解は $x^2 + 2xy - y^2 = 1$

(4) $y' = \dfrac{2xy^2 - x^3}{3x^2 y} = \dfrac{1}{3}\left(2 \cdot \dfrac{y}{x} - \dfrac{x}{y}\right)$ と変形できるので同次形である．$\dfrac{y}{x} = u$ と変数を変換すると，変数分離形 $xu' = -\dfrac{1 + u^2}{3u}$ となる．$\displaystyle\int \dfrac{u}{1 + u^2} du = -\dfrac{1}{3} \int \dfrac{1}{x} dx$ を計算して，

$\dfrac{1}{2} \log(1 + u^2) = -\dfrac{1}{3} \log|x| + C_1$ を得る．$u = \dfrac{y}{x}$ を代入して変形し，$\pm e^{6C_1} = C$ とおくと，$(x^2 + y^2)^3 = Cx^4$ となる．$x = 1$ のとき $y = 1$ であるので，$C = 8$ である．したがって，求める解は $(x^2 + y^2)^3 = 8x^4$

(5) 線形微分方程式である．補助方程式 $y' - \dfrac{1}{x} y = 0$ を解くと $y = Cx$ である．$y = ux$ とすると，$y' = u'x + u$ であるから，代入して $u' = x^2$ となる．これを解くと $u = \dfrac{x^3}{3} + C$ であるから，$y = \dfrac{x^4}{3} + Cx$ となる．$x = 1$ のとき $y = 1$ なので $C = \dfrac{2}{3}$ である．したがって，求める解は $y = \dfrac{x^4}{3} + \dfrac{2}{3} x$

7.22 点 P における接線の傾きは y' であり，点 P と原点を結ぶ直線の傾きは $\dfrac{y}{x}$ である．これらの直線が直交するから，$y' \cdot \dfrac{y}{x} = -1$ である．したがって，$yy' = -x$ という微分方程式が成り立つ．これは変数分離形であるから，変数を分離して積分すると $\displaystyle\int y\, dy = -\int x\, dx$ である．これより，$x^2 + y^2 = C$ を得るから，この曲線は原点を中心とする円である．

7.23 座標軸を X 軸，Y 軸として考えると，点 P(x, y) における接線の方程式は $Y = y'(X - x) + y$ と表される．よって，Q の X 座標は，$Y = 0$ とすることにより $X = x - \dfrac{y}{y'}$ である．線分 QH の長さが定数 k であるから，$\left|\dfrac{y}{y'}\right| = k$ である．したがって，$\pm ky' = y$ という微分方程式が成り立っている．変数を分離して積分すると $\pm k \displaystyle\int \dfrac{1}{y} dy = \int dx$ であるから，$\pm k \log|y| = x + C$ である．したがって，$\pm e^{\pm \frac{C}{k}}$ を改めて C とおくことにより，求める曲線の方程式は $y = Ce^{\pm \frac{x}{k}}$

7.24 (1) $m \dfrac{dv}{dt} = -mg + pv^2$

(2) $\displaystyle\int \dfrac{1}{v^2 - mg} dv = \int \dfrac{1}{m} dt$ より，

$\dfrac{1}{2\sqrt{mg}}\log\left|\dfrac{v-\sqrt{mg}}{v+\sqrt{mg}}\right| = \dfrac{t}{m}+C_1$ となる．この式を変形すると，$\left|\dfrac{v-\sqrt{mg}}{v+\sqrt{mg}}\right| = e^{2C_1\sqrt{mg}}\cdot e^{2\sqrt{\frac{g}{m}}}$ となり，$C = \pm e^{2C_1\sqrt{mg}}$ と置き換えて，$\dfrac{v-\sqrt{mg}}{v+\sqrt{mg}} = Ce^{2\sqrt{\frac{g}{m}}t}$ を v について解くと，

$$v = \dfrac{\sqrt{mg}\left(1+Ce^{2t\sqrt{\frac{g}{m}}}\right)}{1-Ce^{2t\sqrt{\frac{g}{m}}}}$$

(3) $\displaystyle\lim_{t\to\infty} v$

$$= \lim_{t\to\infty} \dfrac{\sqrt{mg}\left(\dfrac{1}{Ce^{2t\sqrt{\frac{g}{m}}}}+1\right)}{\dfrac{1}{Ce^{2t\sqrt{\frac{g}{m}}}}-1}$$

$$= -\sqrt{mg}$$

7.25 (1) $\dfrac{1}{y}dy = \dfrac{1}{x^2}dx$ の両辺を積分して $\log|y| = -\dfrac{1}{x}+C_1$ を得る．$\pm e^{C_1} = C$ とおいて，求める一般解は，$y = Ce^{-\frac{1}{x}}$

(2) (1) で求めた一般解を表すすべての曲線について，点 (x,y) における接線の傾きは $y' = \dfrac{y}{x^2}$ であるから，これに直交する直線の傾きは $-\dfrac{x^2}{y}$ である．したがって，この直線を接線とする曲線は，微分方程式 $y' = -\dfrac{x^2}{y}$ を満たす．

(3) $y\,dy = -x^2\,dx$ の両辺を積分して，求める一般解は $2x^3+3y^2 = C$

7.26 (1) $\dfrac{dy}{dx} = \dfrac{2x-y}{x+y} = \dfrac{2-\dfrac{y}{x}}{1+\dfrac{y}{x}}$ と変形できるので，同次形である．$\dfrac{y}{x} = u$ とおいて整理すると，変数分離形 $xu' = -\dfrac{u^2+2u-2}{u+1}$ となる．これより，

$$\int \dfrac{2u+2}{u^2+2u-2}\,du = -\int \dfrac{2}{x}\,dx$$

を計算すると，$\log|u^2+2u-2| = -2\log|x|+C_1$ であることから，$x^2(u^2+2u-2) = \pm e^{C_1}$ を得る．$u = \dfrac{y}{x}$ を代入して，$\pm e^{C_1} = C$ とすることにより，求める一般解は $2x^2-2xy-y^2 = C$

(2) $u = 3x-1,\ v = 3y$

(3) (2) より，$\dfrac{dv}{du} = \dfrac{\dfrac{dv}{dx}}{\dfrac{du}{dx}} = \dfrac{\dfrac{dv}{dy}\dfrac{dy}{dx}}{\dfrac{du}{dx}} = \dfrac{3\dfrac{dy}{dx}}{3} = \dfrac{dy}{dx}$ となる．よって，与えられた微分方程式は $2u-v = (u+v)\dfrac{dv}{du}$ となる．(1) より，この一般解は $2u^2-2uv-v^2 = C_1$ である．$u = 3x-1,\ v = 3y$ を代入して，$2(3x-1)^2-2(3x-1)\cdot 3y-(3y)^2 = C_1$ となる．求める解は $\dfrac{C_1-2}{3} = C$ とおいて，$6x^2-6xy-3y^2-4x+2y = C$

7.27 (1) 補助方程式 $y'-y = 0$ の解は $y = Ce^x$ なので，$y = ue^x$ とおいて代入すると，$u'e^x = e^x\cos x$ である．したがって，$u = \displaystyle\int \cos x\,dx = \sin x + C$ となるので，一般解は $y = e^x(\sin x + C)$ である．初期条件より $C = -1$ となるので，求める解は $y = e^x(\sin x - 1)$

(2) $y' = e^x(\sin x + \cos x - 1)$

$$= e^x\left\{\sqrt{2}\sin\left(x+\dfrac{\pi}{4}\right)-1\right\}$$

となる．$0 \le x \le \pi$ で $y' = 0$ となるのは，$\sin\left(x+\dfrac{\pi}{4}\right) = \dfrac{\sqrt{2}}{2}$ より，$x = 0,\ \dfrac{\pi}{2}$ のときである．増減表を調べると

x	0	$\cdots$	$\dfrac{\pi}{2}$	$\cdots$	π
y'	0	$+$	0	$-$	0
y	-1	$\nearrow$	0	$\searrow$	$-e^{\pi}$

となるから，$x = \dfrac{\pi}{2}$ のとき最大値 $y = 0$，$x = \pi$ のとき最小値 $y = -e^{\pi}$ をとる．

7.28

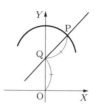

座標軸を X 軸，Y 軸として考える．曲線上の点 $P(x, y)$ における法線の方程式は $Y = -\dfrac{1}{y'}(X - x) + y$ である．よって，Y 軸との交点の座標は，$X = 0$ とすることにより $Q\left(0, y + \dfrac{x}{y'}\right)$ である．線分 PQ の長さと点 Q の y 座標が等しいので

$$\sqrt{x^2 + \left(\frac{x}{y'}\right)^2} = y + \frac{x}{y'}$$

が成り立つ．これより y' を求めると，$y' = \dfrac{2xy}{x^2 - y^2}$ となる．これは同次形なので，$\dfrac{y}{x} = u$ とおくと $u + xu' = \dfrac{2u}{1 - u^2}$ を得る．整理すると $\displaystyle\int \frac{u^2 - 1}{u(u^2 + 1)}\, du = -\int \frac{1}{x}\, dx$ となるので，左辺を部分分数に分解し，$\displaystyle\int \left(-\frac{1}{u} + \frac{2u}{u^2 + 1}\right) du = -\int \frac{1}{x}\, dx$ を計算すると，$-\log|u| + \log|u^2 + 1| = -\log|x| + C$ より $x(u^2 + 1) = Cu$ となる．$u = \dfrac{y}{x}$ を代入して整理すると，求める曲線の方程式は $x^2 + y^2 = Cy$ である．この曲線は円で，点 Q はその中心 $\left(0, \dfrac{C}{2}\right)$ と一致する．点 Q の y 座標は線分 PQ の長さに等しいという仮定から，$C > 0$ である．

7.29 (1) 与えられた方程式は $\dfrac{dy}{dx} = (y - x)^2 + (y - x) + 1$ となる．$u = y - x$ とすると，$u' = y' - 1$ より，$u' = u^2 + u$

(2) $\displaystyle\int \left(\frac{1}{u} - \frac{1}{u + 1}\right) du = \int dx$ より，$u = \dfrac{Ce^x}{1 - Ce^x}$

(3) 一般解は $y = x + u = x + \dfrac{Ce^x}{1 - Ce^x}$ と

なる．与えられた初期条件から $C = \dfrac{1}{2}$ となるので，求める解は $y = x + \dfrac{e^x}{2 - e^x}$

7.30 補助方程式 $x^2 y' + 2xy = 0$ を解くと，$y = \dfrac{C}{x^2}$ となる．$y = \dfrac{u}{x^2}$ を代入すると，$u' = -\sin x$ となるから，$u = \cos x + C$ である．したがって，一般解は $y = \dfrac{\cos x + C}{x^2}$ となる．$x \to 0$ のとき $x^2 \to 0$ であるから，極限 $\displaystyle\lim_{x \to 0} y(x)$ が有限な値として確定するには，$\displaystyle\lim_{x \to 0}(\cos x + C) = 1 + C = 0$ でなければならない．これより $C = -1$ で，求める特殊解は $y = \dfrac{\cos x - 1}{x^2}$ となる．このとき，ロピタルの定理を利用すると

$$\lim_{x \to 0} y(x) = \lim_{x \to 0} \frac{\cos x - 1}{x^2} \quad \boxed{\frac{\infty}{\infty}\ \text{の不定形}}$$
$$= \lim_{x \to 0} \frac{-\sin x}{2x} = -\frac{1}{2}$$

第 8 節　2 階微分方程式

8.1 ロンスキー行列式が恒等的に 0 にはならないことを示せばよい．

(1) $W(\sin x, \sin 2x) = -2\sin^3 x \neq 0$

(2) $W(x^2, x^3) = x^4 \neq 0$

(3) $W(\cos x, x \cos x) = \cos^2 x \neq 0$

(4) $W(e^{-2x}, xe^{-2x}) = e^{-4x} \neq 0$

※以下では，A, B, C, C_1 は任意定数とする．

8.2 (1) $y = Ae^x + Be^{-3x}$

(2) $y = Ae^{5x} + B$

(3) $y = (Ax + B)e^{-2x}$

(4) $y = (Ax + B)e^{\sqrt{3}x}$

(5) $y = A\cos 4x + B\sin 4x$

(6) $y = e^{-x}(A\cos x + B\sin x)$

8.3 (1) $y = -2e^{2x} + 2e^{3x}$

(2) $y = (2x - 1)e^{-3x}$

8.4 (1) $y = Ae^{2x} + Be^{-2x}$

(2) $y'' - 4y$ を計算すると $16e^{2x}$ になるので，1 つの解である．

(3) $y = Ae^{2x} + Be^{-2x} + 4xe^{2x}$ （ただし，$A - 1$ を改めて A とする）

8.5 (1) $y = Ae^x + Be^{2x} + \dfrac{1}{2}x + \dfrac{3}{4}$

(2) $y = Ae^{4x} + Be^{-x} + 2x^2 - 3x + 3$

(3) $y = Ae^x + Be^{2x} + \dfrac{1}{2}e^{3x}$

(4) $y = Ae^{-x} + Be^{3x} - xe^{-x}$

(5) $y = Ae^x + Be^{-2x} + \dfrac{1}{2}(\cos x + 3\sin x)$

(6) $y = (Ax + B)e^x - \dfrac{1}{2}\sin x$

8.6 (1) 補助方程式 $y'' - 8y' + 16y = 0$ の一般解は, $y = (Ax+B)e^{4x}$ である. e^{4x}, xe^{4x} はともにこの一般解に含まれるので, 1つの解を $\varphi = ax^2e^{4x}$ と予想する. $\varphi' = a(2x + 4x^2)e^{4x}$, $\varphi'' = a(2 + 16x + 16x^2)e^{4x}$ となるので, もとの微分方程式に代入して, $2ae^{4x} = e^{4x}$ より, $a = \dfrac{1}{2}$ となる. したがって, 求める一般解は $y = (Ax + B)e^{4x} + \dfrac{1}{2}x^2e^{4x}$

(2) 補助方程式 $y'' + y = 0$ の一般解は, $y = A\cos x + B\sin x$ である. $\sin x$ はこの一般解に含まれるので, 1つの解を $\varphi = ax\cos x + bx\sin x$ と予想する. $\varphi' = a\cos x - ax\sin x + b\sin x + bx\cos x$, $\varphi'' = -2a\sin x - ax\cos x + 2b\cos x - bx\sin x$ となるので, もとの微分方程式に代入して, $-2a\sin x + 2b\cos x = \sin x$ より, $a = -\dfrac{1}{2}$, $b = 0$ となる. したがって, 求める一般解は $y = A\cos x + B\sin x - \dfrac{1}{2}x\cos x$

8.7 (1) 補助方程式 $y'' - 5y' + 4y = 0$ の解は $y = Ae^x + Be^{4x}$ である. 1つの解を $y = ax^2 + bx + c$ と予想して代入することにより, 一般解は

$$y = Ae^x + Be^{4x} + 2x^2 + 3x + 4$$

となる. $y(0) = 4$ より $A + B + 4 = 4$, $y'(0) = 0$ より $A + 4B + 3 = 0$ となる. これより $A = 1$, $B = -1$ となるので, 求める特殊解は $y = e^x - e^{4x} + 2x^2 + 3x + 4$

(2) 補助方程式 $y'' - 4y' + 13y = 0$ の解は $y = e^{2x}(A\cos 3x + B\sin 3x)$ である. 1つの解を $y = ke^{2x}$ と予想して代入することにより, 一般解は

$$y = e^{2x}\left(A\cos 3x + B\sin 3x + \dfrac{1}{3}\right)$$

となる. $y(0) = 1$ より $A + \dfrac{1}{3} = 1$, $y'(0) = 2$

より $2\left(A + \dfrac{1}{3}\right) + 3B = 2$ となる. これより $A = \dfrac{2}{3}$, $B = 0$ となるので, 求める特殊解は $y = \dfrac{1}{3}e^{2x}(2\cos 3x + 1)$

(3) 補助方程式 $y'' - 6y' + 9y = 0$ の解は $y = (Ax + B)e^{3x}$ である. 1つの解を $y = kx^2e^{3x}$ と予想して代入することにより, 一般解は

$$y = (2x^2 + Ax + B)e^{3x}$$

となる. $y(0) = 2$ より $B = 2$, $y'(0) = 3$ より $A + 3B = 3$ となるので, $A = -3$, $B = 2$ である. これより, 求める特殊解は $y = (2x^2 - 3x + 2)e^{3x}$

(4) 補助方程式 $y'' + 4y = 0$ の解は $y = A\cos 2x + B\sin 2x$ である. 1つの解を $y = a\cos x + b\sin x$ と予想して代入することにより, 一般解は

$$y = A\cos 2x + B\sin 2x + 2\cos x$$

となる. $y(0) = 3$ より $A + 2 = 3$, $y\left(\dfrac{\pi}{4}\right) = 0$ より $B + \sqrt{2} = 0$ となるので, $A = 1$, $B = -\sqrt{2}$ である. これより, 求める特殊解は $y = \cos 2x - \sqrt{2}\sin 2x + 2\cos x$

8.8 (1) 特性方程式 $\lambda^2 + 2\lambda + 1 = 0$ の解は $\lambda = -1$（2重解）であるから, 補助方程式の線形独立な解は e^{-x}, xe^{-x} である. ロンスキー行列式は $W = e^{-2x}$ であり,

$$u_1 = \int \dfrac{-xe^{-x} \cdot \dfrac{e^{-x}}{x}}{e^{-2x}}\, dx = -x + C,$$

$$u_2 = \int \dfrac{e^{-x} \cdot \dfrac{e^{-x}}{x}}{e^{-2x}}\, dx = \log|x| + C$$

であるから, $y_{\mathrm{P}} = -xe^{-x} + xe^{-x}\log|x|$ は1つの解である. したがって, 任意定数を置き換えることにより, 求める一般解は $y = (Ax + B + x\log|x|)e^{-x}$

(2) 特性方程式 $\lambda^2 + 3\lambda + 2 = 0$ の解は $\lambda = -1, -2$ であるから, 補助方程式の線形独立な解は e^{-x}, e^{-2x} である. $W = -e^{-3x}$ であり,

$$u_1 = \int \frac{-e^{-2x}}{\left(1+e^x\right)\left(-e^{-3x}\right)}\, dx$$

$$= \int \frac{e^x}{1+e^x}\, dx = \log\left(1+e^x\right) + C$$

$$u_2 = \int \frac{e^{-x}}{\left(1+e^x\right)\left(-e^{-3x}\right)}\, dx$$

$$= -\int \frac{e^{2x}}{1+e^x}\, dx$$

$$= \int \left(\frac{e^x}{1+e^x} - e^x\right) dx$$

$$= \log\left(1+e^x\right) - e^x + C$$

であるから,

$$y_{\mathrm{P}} = e^{-x}\log\left(1+e^x\right)$$

$$+ e^{-2x}\left\{\log\left(1+e^x\right) - e^x\right\}$$

$$= \left(e^{-x}+e^{-2x}\right)\log\left(1+e^x\right) - e^{-x}$$

は 1 つの解となる. よって, 一般解は $y = Ae^{-x} + Be^{-2x} + \left(e^{-x}+e^{-2x}\right)\log\left(1+e^x\right)$

8.9 (1) $(x)' = 1$, $(x)'' = 0$ より, $y = x$ は与えられた微分方程式を満たすので, 1 つの解である. そこで, $y = ux$ として代入し, 整理すると, $u'' + \frac{1}{x}u' = 0$ を得る. $u' = p$ とおくと, $\int \frac{1}{p}\, dp = -\int \frac{1}{x}\, dx$ であることから, $p = u' = \frac{A}{x}$ となる. したがって, $u = A\log|x| + B$ となるから, 一般解は $y = Ax\log|x| + Bx$

(2) $\left(e^{-x}\right)' = -e^{-x}$, $\left(e^{-x}\right)'' = e^{-x}$ より, $y = e^{-x}$ は与えられた微分方程式を満たすので, 1 つの解である. そこで, $y = ue^{-x}$ とおいて代入し, 整理すると, $xu'' - (x+1)u' = 0$ を得る. $u' = p$ とおくと

$$\int \frac{1}{p}\, dp = \int \left(1 + \frac{1}{x}\right) dx$$

となるから, $p = u' = Axe^x$ である. したがって, $u = A(xe^x - e^x) + B$ であるから, 一般解は $y = A(x-1) + Be^{-x}$

8.10 (1) x^m を代入すると, $x^2\left(x^m\right)'' -$

$x\left(x^m\right)' - 8x^m = 0$ より, $m^2 - 2m - 8 = 0$ となるから, x^m が解になるのは $m = 4,\ -2$ のときである. $W\left(x^4, x^{-2}\right) = -6x$ であるので, これらは線形独立な解である. したがって, 求める一般解は $y = Ax^4 + \dfrac{B}{x^2}$

(2) x^m を代入すると, $x^2\left(x^m\right)'' - 7x\left(x^m\right)' + 16x^m = 0$ より, $m^2 - 8m + 16 = 0$ となるから, $m = 4$ となる. したがって, x^4 が解である. そこで, $y = x^4 u$ として代入すると, $u''x + u' = 0$ となる. $u' = p$ とおくと $xp' + p = 0$ であるから, $p = u' = \dfrac{A}{x}$ である. したがって, $u = A\log|x| + B$ となるので, 求める一般解は $y = ux^4 = Ax^4\log|x| + Bx^4$

8.11 (1) $y' = p$ とおくと, $xp' = 2p$ である. これを変数分離形とみて解くと, $p = Cx^2$ であるから, $y = C\int x^2\, dx = \dfrac{C}{3}x^3 + B$ となる. $\dfrac{C}{3} = A$ として, 求める一般解は $y = Ax^3 + B$

(2) $y' = p$ とおくと, $xp' + p = 4x$ であるから線形である. これを解いて, $p = 2x + \dfrac{A}{x}$ となるから, 求める一般解は $y = x^2 + A\log|x| + B$

(3) $y' = p$ とおくと, $\dfrac{dp}{dx} = 1 + p^2$ であるから, 変数分離形である. これを解いて $\tan^{-1}p = x + A$ となるから, $p = \tan(x+A)$ である. したがって, これを積分して, 求める一般解は $y = -\log|\cos(x+A)| + B$

(4) $y' = p$ とおく. 微分方程式は x を含まないので $y'' = p\dfrac{dp}{dy}$ として代入すると, $3py\dfrac{dp}{dy} + p^2 = 0$ であるから, $p = 0$, $3y\dfrac{dp}{dy} + p = 0$ である. $3y\dfrac{dp}{dy} + p = 0$ は変数分離形で, これを解くと $p = Cy^{-\frac{1}{3}}$ となるから, $y^{\frac{1}{3}}\, dy = C\, dx$ と変数分離できる. 両辺を積分すると, $\dfrac{3}{4}y^{\frac{4}{3}} = Cx + C_1$ となるので, $\dfrac{4}{3}C = A$, $\dfrac{4}{3}C_1 = B$ とすると, $y = \sqrt[4]{(Ax+B)^3}$ である. これは $p = 0$, す

なわち y が定数となる解も含んでいるから，求める一般解は $y = \sqrt[4]{(Ax + B)^3}$

8.12 (1) 第 2 式より $x = y' + \sin t$ となるので，これを微分して第 1 式に代入し，x を消去すると $y'' + 2y = -2\cos t \cdots$ ① となる．①の補助方程式の一般解は $y = A\cos\sqrt{2}t + B\sin\sqrt{2}t$ であり，$y = -2\cos t$ は①の 1 つの解となるから，①の一般解は，$y = A\cos\sqrt{2}t + B\sin\sqrt{2}t - 2\cos t$．これを第 2 式に代入して，$x = y' + \sin t = -\sqrt{2}A\sin\sqrt{2}t + \sqrt{2}B\cos\sqrt{2}t + 3\sin t$．与えられた初期条件から $A = 1, B = \dfrac{\sqrt{2}}{2}$ となるので，求める解は次のようになる．

$$x = -\sqrt{2}\sin\sqrt{2}t + \cos\sqrt{2}t + 3\sin t,$$
$$y = \cos\sqrt{2}t + \frac{\sqrt{2}}{2}\sin\sqrt{2}t - 2\cos t$$

(2) 第 1 式より $y = x' + 2x$ となるので，これを微分して第 2 式に代入し，y を消去すると，$x'' - x' - 2x = 3e^{-t} \cdots$ ① となる．①の補助方程式の一般解は $x = Ae^{-t} + Be^{2t}$ であり，$x = -te^{-t}$ は①の 1 つの解であるから，①の一般解は，$x = Ae^{-t} + Be^{2t} - te^{-t}$．これを第 1 式に代入して，$y = x' + 2x = Ae^{-t} + 4Be^{2t} - (t+1)e^{-t}$．与えられた条件より，$A = 1, B = 0$ となるので，求める解は次のようになる．

$$x = (1 - t)e^{-t}, \quad y = -te^{-t}$$

8.13 (1) $y' = e^{kx}(k\cos\omega x - \omega\sin\omega x)$，
$y'' = e^{kx}(k^2\cos\omega x - 2k\omega\sin\omega x - \omega^2\cos\omega x)$ より，これを代入して整理すると，

$$e^{kx}\left\{(k^2 - \omega^2 + ak + b)\cos\omega x + (-2k\omega - a\omega)\sin\omega x\right\} = 0$$

となる．$e^{kx} > 0$ であり，$\cos\omega x$ と $\sin\omega x$ は線形独立であるから，$k^2 - \omega^2 + ak + b = 0$，$-(2k + a)\omega = 0$ である．$\omega \neq 0$ より，$a = -2k, b = k^2 + \omega^2$

(2) (1) より，$k = -3, \omega = 2$ とすると，$a = 6, b = 13$
$\dfrac{d^2y}{dx^2} + 6\dfrac{dy}{dx} + 13y = 0$ の特性方程式 $\lambda^2 + 6\lambda + 13 = 0$ の解は $\lambda = -3 \pm 2i$ である

ので，求める一般解は $y = e^{-3x}(A\cos 2x + B\sin 2x)$

8.14 (1) 右辺の関数の形から，$y_1 = ax + b$ と予想して求めると，$y_1 = -x + \dfrac{2}{3}$ を得る．

(2) 右辺の関数の形から，$y_2 = k\cos x + l\sin x$ と予想して求めると，$y_2 = \dfrac{1}{10}\cos x - \dfrac{1}{5}\sin x$ を得る．

(3) $y_1'' - 2y_1' - 3y_1 = 3x,\ y_2'' - 2y_2' - 3y_2 = \sin x$ が成り立つので，両辺を加えると，$y_1'' + y_2'' - 2y_1' - 2y_2' - 3y_1 - 3y_2 = 3x + \sin x$ である．したがって，$(y_1 + y_2)'' - 2(y_1 + y_2)' - 3(y_1 + y_2) = 3x + \sin x$ となるので，$y_1 + y_2$ は微分方程式 $y'' - 2y' - 3y = 3x + \sin x$ の解である．

(4) 補助方程式 $y'' - 2y' - 3y = 0$ の一般解は $y = Ae^{3x} + Be^{-x}$ である．したがって，求める一般解は次のように与えられる．

$$y = Ae^{3x} + Be^{-x} - x + \frac{2}{3} + \frac{1}{10}\cos x - \frac{1}{5}\sin x$$

> **[note]** 線形微分方程式において成り立つ (3) の性質を**重ね合わせの原理**という．

8.15 (1) $z = \log|x|$ とおくと，$\dfrac{dz}{dx} = \dfrac{1}{x}$ より，$\dfrac{dy}{dx} = \dfrac{dy}{dz}\dfrac{dz}{dx} = \dfrac{1}{x}\dfrac{dy}{dz}$ となる．また，

$$\begin{aligned}
\frac{d^2y}{dx^2} &= \frac{d}{dx}\left(\frac{dy}{dx}\right) = \frac{d}{dx}\left(\frac{1}{x}\frac{dy}{dz}\right) \\
&= -\frac{1}{x^2}\frac{dy}{dz} + \frac{1}{x}\frac{d}{dx}\left(\frac{dy}{dz}\right) \\
&= -\frac{1}{x^2}\frac{dy}{dz} + \frac{1}{x}\frac{d}{dz}\left(\frac{dy}{dz}\right)\frac{dz}{dx} \\
&= -\frac{1}{x^2}\frac{dy}{dz} + \frac{1}{x}\frac{d^2y}{dz^2}\frac{1}{x} \\
&= \frac{1}{x^2}\left(\frac{d^2y}{dz^2} - \frac{dy}{dz}\right)
\end{aligned}$$

(2) (1) より，①は $x^2 \cdot \dfrac{1}{x^2}\left(\dfrac{d^2y}{dz^2} - \dfrac{dy}{dz}\right) - 2x \cdot \dfrac{1}{x}\dfrac{dy}{dz} - 4y = 0$ となるから，

$$\frac{d^2y}{dz^2} - 3\frac{dy}{dz} - 4y = 0 \qquad \cdots ②$$

(3) ②の一般解は $y = Ae^{4z} + Be^{-z}$ である．

$z = \log|x|$ であり，$e^z = |x|$ であるから，$y = A|x|^4 + B|x|^{-1} = Ax^4 \pm \dfrac{B}{x}$ である．ここで，$\pm B$ を B とおき直して，求める一般解は $y = Ax^4 + \dfrac{B}{x}$

> **[note]** 一般に，$x^2 \dfrac{d^2y}{dx^2} + ax\dfrac{dy}{dx} + by = R(x)$ $(a, b$ は定数$)$ の形の微分方程式を**オイラーの微分方程式**という．この微分方程式は，変数変換 $z = \log|x|$ により，定数係数 2 階線形微分方程式 $\dfrac{d^2y}{dz^2} + (a-1)\dfrac{dy}{dz} + by = R(e^z)$ に変換できる．

8.16 (1) $y' = u'v + uv'$，$y'' = u''v + 2u'v' + uv''$ より，もとの微分方程式に代入すると，$uv'' + \left(2u' + \dfrac{2}{x}u\right)v' + \left(u'' + \dfrac{2}{x}u' + u\right)v = 0 \cdots ①$ となる．v' の係数を 0 とすると，$\displaystyle\int \dfrac{1}{u}du = -\int \dfrac{1}{x}dx$ であるから，$u = \dfrac{C}{x}$（C は任意定数）

(2) v' の係数が 0 となる u として $u = \dfrac{1}{x}$ をとる．$u' = -\dfrac{1}{x^2}$，$u'' = \dfrac{2}{x^3}$ であるから，① は，$\dfrac{1}{x}v'' + \left(\dfrac{2}{x^3} - \dfrac{2}{x^3} + \dfrac{1}{x}\right)v = 0$ より，$v'' + v = 0$ となる．したがって，$v = A\cos x + B\sin x$ であるから，求める一般解は $y = uv = \dfrac{1}{x}(A\cos x + B\sin x)$

8.17 (1) $y = e^{mx}$ とする．$y' = me^{mx}$，$y'' = m^2 e^{mx}$ を補助方程式に代入すると，$\left(m^2 - 2m\right)x - m + 2 = 0$ となる．これが x の恒等式になればよいので，求める値は $m = 2$

(2) $y = e^{2x}u$ を解にもつとすると，
$$y' = 2e^{2x}u + e^{2x}u',$$
$$y'' = 4e^{2x}u + 4e^{2x}u' + e^{2x}u''$$
であるから，与えられた微分方程式に代入すると，u が満たす微分方程式は
$$u'' + \left(2 - \dfrac{1}{x}\right)u' = 3xe^x$$

(3) $u' = p$ として (2) で得られた微分方程式に代入すると，
$$p' + \left(2 - \dfrac{1}{x}\right)p = 3xe^x \qquad \cdots ①$$
となる．① の補助方程式 $p' + \left(2 - \dfrac{1}{x}\right)p = 0$ の解は，$\displaystyle\int \dfrac{1}{p}dp = \int \left(\dfrac{1}{x} - 2\right)dx$ より，$p = C_1 xe^{-2x}$ となる．そこで，$p = vxe^{-2x}$ とおいて ① に代入し，整理すると，$v'xe^{-2x} = 3xe^x$ より，$v' = 3e^{3x}$ を得る．したがって，$v = e^{3x} + C$ であるから，$u' = p = \left(e^{3x} + C\right)xe^{-2x} = xe^x + Cxe^{-2x}$ となる．ゆえに，$u = xe^x - e^x + C\left(-\dfrac{1}{2}xe^{-2x} - \dfrac{1}{4}e^{-2x}\right) + B$ であるから，$-\dfrac{C}{4} = A$ とおいて，求める一般解は $y = (x-1)e^{3x} + A(2x+1) + Be^{2x}$

監修者　上野　健爾　京都大学名誉教授・四日市大学関孝和数学研究所長
　　　　　　　　　　理学博士

編　者　高専の数学教材研究会

編集委員（五十音順）

阿蘇　和寿　石川工業高等専門学校名誉教授［執筆代表］

梅野　善雄　一関工業高等専門学校名誉教授

佐藤　義隆　東京工業高等専門学校名誉教授

長水　壽寛　福井工業高等専門学校教授

馬渕　雅生　八戸工業高等専門学校教授

柳井　忠　　新居浜工業高等専門学校名誉教授

執筆者（五十音順）

阿蘇　和寿　石川工業高等専門学校名誉教授

梅野　善雄　一関工業高等専門学校名誉教授

大貫　洋介　鈴鹿工業高等専門学校准教授

小原　康博　熊本高等専門学校名誉教授

片方　江　　東北学院大学准教授

勝谷　浩明　豊田工業高等専門学校教授

栗原　博之　茨城大学教授

古城　克也　新居浜工業高等専門学校教授

小中澤聖二　東京工業高等専門学校教授

小鉢　暢夫　熊本高等専門学校准教授

小林　茂樹　長野工業高等専門学校教授

佐藤　巌　　小山工業高等専門学校名誉教授

佐藤　直紀　長岡工業高等専門学校准教授

佐藤　義隆　東京工業高等専門学校名誉教授

高田　功　　明石工業高等専門学校教授

徳一　保生　北九州工業高等専門学校名誉教授

冨山　正人　石川工業高等専門学校教授

長岡　耕一　旭川工業高等専門学校名誉教授

中谷　実伸　福井工業高等専門学校教授

長水　壽寛　福井工業高等専門学校教授

波止元　仁　東京工業高等専門学校准教授

松澤　寛　　神奈川大学教授

松田　修　　津山工業高等専門学校教授

馬渕　雅生　八戸工業高等専門学校教授

宮田　一郎　元金沢工業高等専門学校教授

森田　健二　石川工業高等専門学校教授

森本　真理　秋田工業高等専門学校准教授

安冨　真一　東邦大学教授

柳井　忠　　新居浜工業高等専門学校名誉教授

山田　章　　長岡工業高等専門学校教授

山本　茂樹　茨城工業高等専門学校名誉教授

渡利　正弘　芝浦工業大学特任准教授/クアラルンプール大学講師

（所属および肩書きは 2023 年 12 月現在のものです）

高専テキストシリーズ
微分積分 2 問題集（第 2 版）

2013 年 1 月 31 日　第 1 版第 1 刷発行
2022 年 2 月 10 日　第 1 版第 10 刷発行
2022 年 10 月 26 日　第 2 版第 1 刷発行
2024 年 3 月 19 日　第 2 版第 2 刷発行

編者　　　高専の数学教材研究会

編集担当　太田陽喬（森北出版）
編集責任　上村紗帆（森北出版）
組版　　　ウルス
印刷　　　創栄図書印刷
製本　　　同

発行者　　森北博巳
発行所　　森北出版株式会社
　　　　　〒102-0071　東京都千代田区富士見 1-4-11
　　　　　03-3265-8342（営業・宣伝マネジメント部）
　　　　　https://www.morikita.co.jp/

ISBN978-4-627-05592-6